机器人及人工智能类创新教材

图像处理与计算机视觉

主　编：苑全德　许宪东　侯国强
副主编：皮玉珍　张宸语　王　瑜
　　　　陈俞强　王　贺
编　委：孙　佳

哈尔滨工业大学出版社

内 容 简 介

本书介绍图像处理与计算机视觉的主要内容,包括图像采集,图像变换,图像增强,形态学处理,图像分割,图像压缩,目标分类、识别、检测,以及机器人等方面的知识。本书以应用为主,内容新颖,循序渐进。

本书可作为应用型本科院校、高职院校机器人工程、计算机、电子信息等专业的教材,也可作为从事图像处理与计算机视觉相关工作的工程技术人员的参考书。

图书在版编目(CIP)数据

图像处理与计算机视觉/苑全德,许宪东,候国强

主编. —哈尔滨:哈尔滨工业大学出版社,2023.7(2024.8 重印)

机器人及人工智能类创新教材

ISBN 978 - 7 - 5767 - 0343 - 6

Ⅰ.①图… Ⅱ.①苑… ②许… ③候… Ⅲ.①图像处理 – 高等职业教育 – 教材②计算机视觉 – 高等职业教育 – 教材 Ⅳ.①TP391.41

中国版本图书馆 CIP 数据核字(2022)第 147980 号

HITPYWGZS@163.COM
艳文工作室 13936171227

TUXIANG CHULI YU JISUANJI SHIJUE

策划编辑	李艳文	范业婷
责任编辑	李长波	庞亭亭
出版发行	哈尔滨工业大学出版社	
社　　址	哈尔滨市南岗区复华四道街 10 号　邮编150006	
传　　真	0451 - 86414749	
网　　址	http://hitpress.hit.edu.cn	
印　　刷	哈尔滨圣铂印刷有限公司	
开　　本	787 毫米×1092 毫米　1/16　印张 16.25　字数 353 千字	
版　　次	2023 年 7 月第 1 版　2024 年 8 月第 2 次印刷	
书　　号	ISBN 978 - 7 - 5767 - 0343 - 6	
定　　价	68.00 元	

(如因印装质量问题影响阅读,我社负责调换)

主编简介

丛书主编/总主编:

冷晓琨,中共党员,山东省高密市人,哈尔滨工业大学博士、教授,乐聚机器人创始人。其主要研究领域为双足人形机器人与人工智能,研发制造的机器人助阵平昌冬奥会"北京8分钟"、2022年北京冬奥会,先后参与和主持科技部"科技冬奥"国家重点专项课题、深圳科技创新委技术攻关等项目,科创成果获中国青少年科技创新奖、全国优秀共青团员、中国青年创业奖等荣誉。

本书主编:

苑全德,山东省郓城县人,博士,副教授,长春工程学院计算机技术与工程学院副院长,中国人工智能学会机器人文化艺术专业委员会副主任委员,主要研究方向包括机器人设计与控制、SLAM技术、多智能体系统、机器学习、智能电网等。

许宪东,中共党员,博士,副教授,黑龙江工程学院计算机科学与技术学院智能机器人实验室副主任,中国人工智能学会机器人文化艺术专业委员会委员,主要研究方向包括智能机器人、计算机视觉等。

侯国强,中共党员,山东省泰安市人,潍坊工商职业学院合作办学处处长,工商管理专业讲师,山东高科职业教育集团副秘书长,主要研究方向包括工商管理、产业学院建设、集团化办学等。

前　言

　　图像处理与计算机视觉技术涉及内容十分广泛,并且在不断融合新的技术,如深度学习技术被应用到分类与目标检测技术中等。目前图像处理与计算机视觉技术已经在工业自动化、航空航天、遥感卫星、医学、通信、交通和机器人等诸多领域得到了广泛应用。

　　本书介绍图像处理与计算机视觉的主要内容,包括图像采集,图像变换,图像增强,形态学处理,图像分割,图像压缩,目标分类、识别、检测,以及机器人等方面的知识。

　　本书由长春工程学院苑全德、黑龙江工程学院许宪东和潍坊工商职业学院侯国强任主编,长春工程学院皮玉珍、吉林省电化教育馆张宸语、北京工商大学王瑜和东莞职业技术学院陈俞强任副主编。其中,第1章、第2章、第3章3.1~3.11节由苑全德编写;第3章3.12节、第4~6章,以及全书各章思考与练习题由许宪东编写;侯国强负责机器人平台程序的移植与调试;皮玉珍负责拟定大纲及前三章部分代码的测试;张宸语、王瑜和陈俞强负责书中大部分代码的测试。全书由苑全德统稿。

　　本书结合乐聚(深圳)机器人技术有限公司研发的智能人形机器人展开对图像处理与计算机视觉相关知识的介绍。本书在编写过程中得到了该公司领导和工程师的大力支持和帮助,在此表示诚挚的谢意。另外,在本书的编写过程中,研究生张国印同学、刘一凡同学做了大量工作,在此一并表示感谢。

　　限于编者水平,书中难免存在一些疏漏和不足之处,恳请广大读者不吝批评指正,以便我们及时修正和完善。

编　者

2023 年 2 月

目　　录

第1章 绪 论

1.1 图像处理与计算机视觉概述

随着科技的发展,人们已经可以通过机器模拟自身听觉、视觉、触觉等感官功能来增强对外部世界的感知,提升了系统的智能性,提高了生产效率。例如望远镜使人看得更远,显微镜使人看得更细微,声呐使机器能精确测距,电子皮肤能使机器人拥有触觉。同样地,计算机视觉可以代替人眼,完成许多复杂或者单调的识别任务。

人通过视觉获取的信息量约占所有感官从外界环境获取信息量的80%,视觉带来的信息是巨量而复杂的,所以与声音、指纹等识别技术相比,分析视觉信息的图像处理、计算机视觉技术更加复杂,是人工智能领域的重要分支,是目前研究的热点之一,正在快速发展。

计算机视觉是基于图像处理、模式识别等技术对一幅或多幅图像进行分析,以提取图像所表达的深层信息的技术。例如映射到单幅或多幅图像上的三维场景,即三维场景的重建。

图像处理不是对图像的艺术化加工处理,而是指对数字图像进行复原、增强、分类、识别、描述、分析等加工以得到所需结果的技术和过程,是计算机视觉中必不可少的环节。

与计算机视觉类似的概念还有机器视觉,机器视觉是一项涵盖计算机、光学、机械工程、工业自动化等多个工程学科的技术。它使用图像采集和分析来执行任务,速度和精度是人眼无法比拟的。通过软硬件技术对从现实场景获取到的图像信息进行分析、处理、识别,根据系统决策,进而可以得出相应的结论或者发出指令,以控制机器的动作。

美国制造工程师协会(SME)机器视觉分会和美国机器人工业协会(RIA)自动化视觉分会对机器视觉定义如下:机器视觉是使用光学器件进行非接触感知,自动接收和解释一个真实场景的图像,以获取信息并(/或)控制机器或过程。

机器视觉的常见使用案例包括检查半导体芯片、汽车零件、食品、药品等的质量,存在/缺失检测、尺寸测量、定位和计数等,还可应用到机器人,使机器人可以通过视觉识别标志进行导航等。

图像处理(image processing)、计算机视觉(computer vision)、机器视觉(machine vision)是三个相互交叉又有一定区别的概念。

机器视觉是一门系统工程学科,是计算机视觉技术在工业领域的应用,例如移动机器人的视觉系统,用于检测和监控的视觉系统等。机器视觉技术将图像感知、图像处理、控制理论与软件、硬件紧密结合,以实现高效的控制或各种实时操作。计算机视觉的研究对象更加"通用",相关技术可以应用到不同的领域。在本书中提到的机器视觉一般是指其中的计算机视觉部分。

思考与练习题

1. 什么是图像处理? 什么是计算机视觉? 什么是机器视觉? 它们之间有什么区别和联系?

2. 举例说明机器视觉常在哪些方面使用?

1.2　认识 Aelos Smart

上一节介绍了机器视觉的基本情况,本节介绍课程中需要用到的 Aelos Smart 机器人。

1.2.1　下载与安装

1. 下载桌面软件

教育版软件安装如图 1 - 1 所示,下载网址:http://www.lejurobot.com/support - cn/.

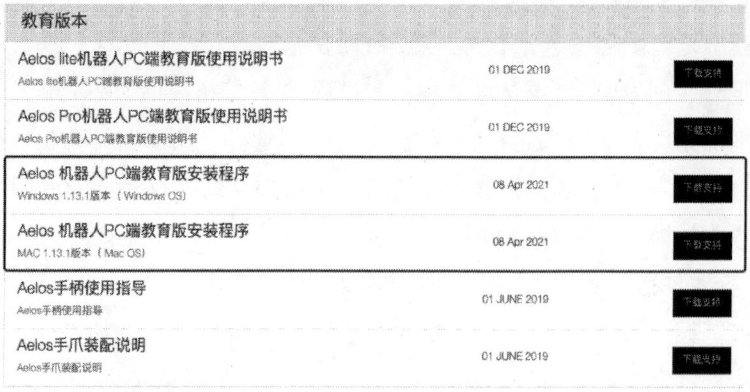

教育版本		
Aelos lite机器人PC端教育版使用说明书 Aelos lite机器人PC端教育版使用说明书	01 DEC 2019	下载支持
Aelos Pro机器人PC端教育版使用说明书 Aelos Pro机器人PC端教育版使用说明书	01 DEC 2019	下载支持
Aelos 机器人PC端教育版安装程序 Windows 1.13.1版本（Windows OS）	08 Apr 2021	下载支持
Aelos 机器人PC端教育版安装程序 MAC 1.13.1版本（Mac OS）	08 Apr 2021	下载支持
Aelos手柄使用指导 Aelos手柄使用指导	01 JUNE 2019	下载支持
Aelos手爪装配说明 Aelos手爪装配说明	01 JUNE 2019	下载支持

图 1 - 1

2. 新建工程及建立串口连接

机器人背部接口示意图如图 1 - 2 所示。

图1-2

第一次使用桌面软件需要新建一个 Aelos Smart 工程,如果型号选择错误,后续连接时会出现型号不匹配的错误,如图1-3所示。

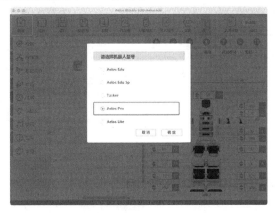

图1-3

使用 USB 数据线将机器人连接在计算机上,在串口下拉菜单中选择对应设备,可以进入在线模式,如图1-4所示。

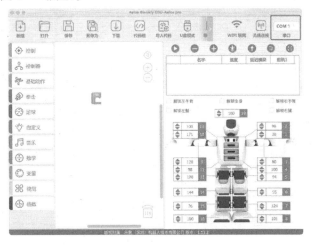

图1-4

3. 零点调试

连接机器人后打开菜单栏中的设置弹窗,里面有零点调试的按钮,点击后弹出零点模式窗口,如图 1-5 所示。

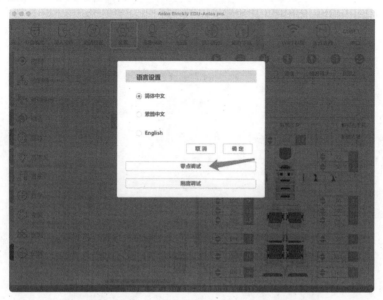

图 1-5

在零点调试界面中点击获取零点可以读取当前机器人的零点值。可以通过调节各舵机框中的数值来调整对应舵机的零点值,调节结束后点击设置零点即可下载到机器人中。可以通过改变机器人姿势(站立、下蹲)来观察调试效果,如图 1-6 所示。

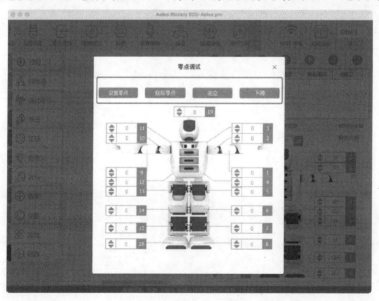

图 1-6

机器人标准零点视图如图1-7所示。

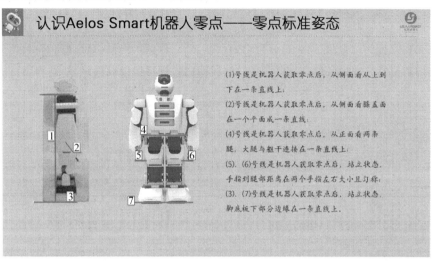

图1-7

1.2.2 编辑动作

编辑动作分为两部分:调整单个动作帧里的舵机值,以及将多个动作帧串联成完整的动作,如图1-8所示。

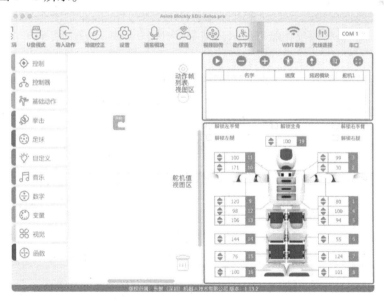

图1-8

修改舵机值的方式有两种:

①点击舵机值视图区中舵机值输入框边上的按钮可以解锁对应舵机,手动将舵机扭到想

要的位置,然后再点击按钮加锁舵机即可直接在输入框中输入想要调到的舵机值;②通过点击箭头进行修改,调整完毕后点击增加动作按钮即可将动作帧插入列表,如图1-9所示。

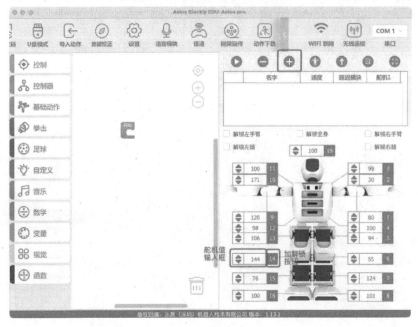

图1-9

列表中可以为动作设置下列属性:

速度:机器人执行该动作帧时的运动速度,速度越大则运动越快。

延迟:动作帧间的停顿时间。

刚度:改变舵机的柔韧性。例如当执行动作时发现舵机有点软,无法很好地支撑,则可以适当加大刚度。

所有动作帧都调整好后点击生成按钮可以生成对应的动作模块。

1.2.3　U盘模式

点击菜单栏中的U盘模式按钮可以让机器人进入对应模式,在此模式下可以直接操作机器人单片机中存储的文件,如图1-10所示。

U盘模式下有下列常用路径:

lua:包含部分预置动作的代码以及执行程序时用到的库,其中main.lua、Actionlib.lua和lib.lua是后续主要用的文件。

music:机器人存储音乐文件的路径,将mp3文件放到此路径下即可控制机器人播放。

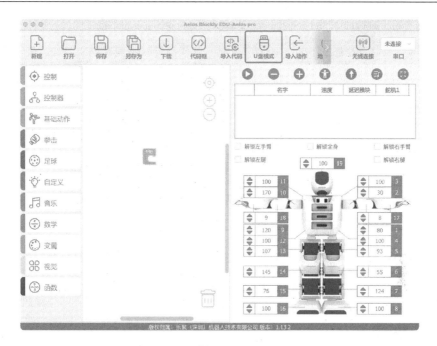

图 1 - 10

思考与练习题

1. 修改舵机值的方式有哪两种?
2. 举例说明什么时候需要设置零点?
3. 如何设置零点?
4. Aelos Smart 是如何编辑动作的?
5. Aelos Smart 的机器人背面接口主要包括哪些?

1.3 Aelos Smart 开发环境配置

上节介绍了 Aelos Smart 机器人的基本操作方法,本节介绍基于 Aelos Smart 机器人的编程环境配置。

1.3.1 Wi - Fi 配置

(1)使用网线连接树莓派网口。树莓派网线接口位于机器人下巴下方,如图 1 - 11 所示,用力下压滑盖同时向外抽出即可打开。

图 1 - 11

（2）进入路由器管理界面，查看机器人 IP，设备名称为 lemon，如图 1 - 12 所示。

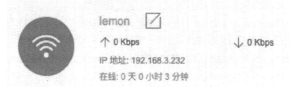

图 1 - 12

（3）使用 SSH 远程连接树莓派，如图 1 - 13 所示。

图 1 - 13

（4）登录后使用以下指令查询周围可用 Wi - Fi，如图 1 - 14 所示。

```
$ nmcli device wifi list
```

（5）使用以下命令连接指定 Wi - Fi。

```
$ sudo nmcli dev wifi connect XXXX password XXXX
```

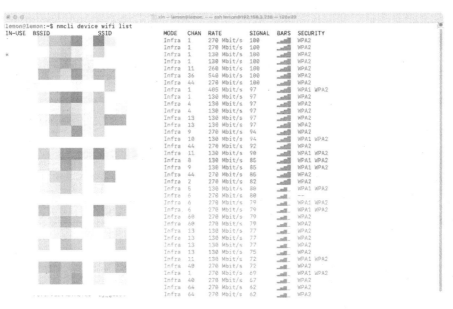

图1-14

（6）WiFi 连接成功后，可使用 ifconfig 查看 IP，下次远程登录可以直接使用，如图
1-15所示。

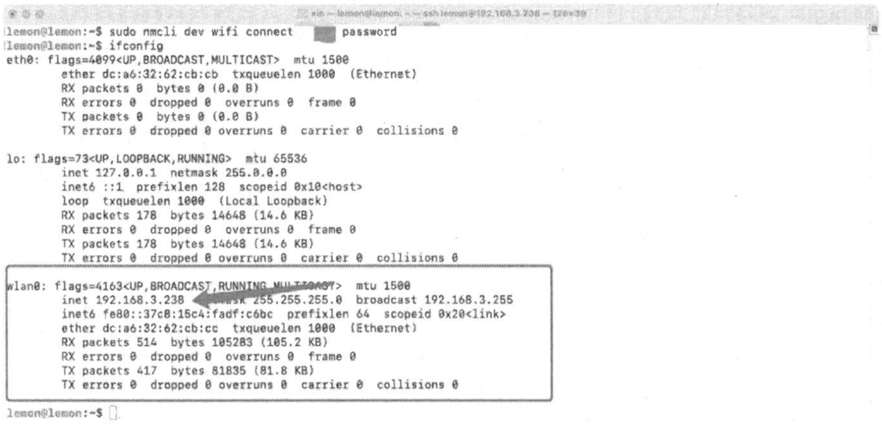

图1-15

备注：除直接用命令行进行登录外，还可以使用 MobaXterm 等工具建立 SSH 连接。

1.3.2 控制机器人运行运动

1. 动作下载

动作下载功能会将当前工程内所有的默认动作、自定义动作下载到机器人内，统一
命名规则为"leju_"前缀加动作名，内置动作使用英文名，自定义动作使用用户定义的名

字,如图 1 - 16 所示。例如内置动作下蹲,英文名为 Squat,在 Actionlib 中对应函数名为 leju_f0b381df91e3f7af9b88235fb80e2f99,如图 1 - 17 所示。

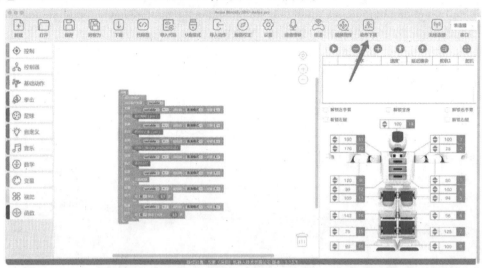

图 1 - 16

```
function leju_f0b381df91e3f7af9b88235fb80e2f99()
    MOTOsetspeed(14)
    MOTOmove16(80, 30, 100, 100, 142, 145, 77, 100, 120, 170, 100, 100, 58, 55, 123, 100)
    MOTOwait()
    DelayMs(500)
    MOTOmove16(80, 30, 100, 100, 93, 55, 124, 100, 120, 170, 100, 100, 107, 145, 76, 100)
    MOTOwait()
end
```

图 1 - 17

2. 测试动作执行

动作下载完成后按机器人 reset 按键令机器人复位,然后 SSH 登录树莓派,运行 CMDcontrol 文件,在命令行输入动作名,控制机器人执行指定动作,如图 1 - 18 所示。

```
xin — lemon@lemon: ~/Test — ssh lemon@192.168.3.238 — 86×28
lemon@lemon:~/Test$ python3 CMDcontrol.py
please act_name:Squat
leju_f0b381df91e3f7af9b88235fb80e2f99
complete
please act_name:
```

图 1 - 18

3. 动作命名规则

(1)内置动作(基础动作、拳击、足球分类下的模块)。统一使用动作的英文名作为输入的动作名。可以在设置中切换语言为英语,然后在对应分类下找到动作的英文名,如图 1 - 19 所示,例如下蹲对应 Squat。

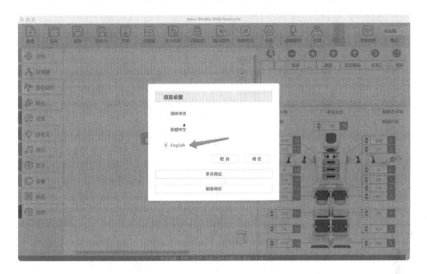

图1-19

（2）自定义动作/导入动作。以用户自己定义的动作名作为输入的动作名。例如用户自定义生成一个"测试"动作,则在提示输入动作名时输入"测试"即可执行,如图1-20所示。

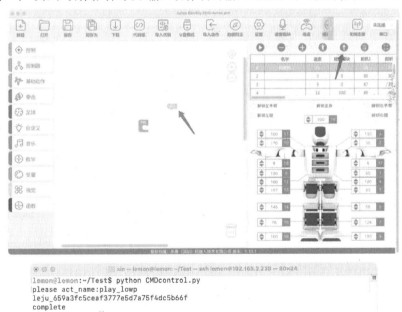

```
lemon@lemon:~/Test$ python CMDcontrol.py
please act_name:play_lowp
leju_659a3fc5ceaf3777e5d7a75f4dc5b66f
complete
please act_name:
```

图1-20

（3）播放音乐。输入动作名为"play_"前缀加上音乐名,音乐文件需要在 U 盘模式下拷贝到 music 文件夹中。可以在软件中通过音乐列表按键获取当前可用的音乐,如图1-21所示。

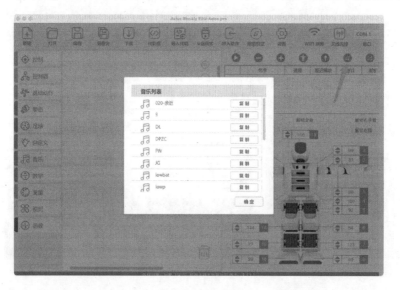

图 1－21

思考与练习题

一、简答题

设有机器人 IP 为 192.168.2.101,设备名称为 lemon,回答下列问题:

1. 写出使用 SSH 远程连接树莓派的命令。

2. 写出连接指定 Wi－Fi 的命令。

二、操作题

试连接并登录机器人,下载动作,执行动作。下载音乐并播放音乐。

第 2 章　Python 基础

Python 语言具有简单易学、免费开源、解释性语言、程序编写需使用规范的代码风格、可扩展、可嵌入、可移植、提供了丰富的第三方库等优点,已经成为最受欢迎的程序设计语言之一,在人工智能、大数据等方面得到了广泛应用。

2.1　Python 基本运行与开发环境的搭建

到 Python 官方网站(https://www.Python.org)下载安装包,注意根据不同系统选择对应版本。安装完成后,打开 Windows 的命令行提示符窗口,输入"Python"或"python"查看一下,如果输出正确,说明安装成功,如图 2-1 所示。

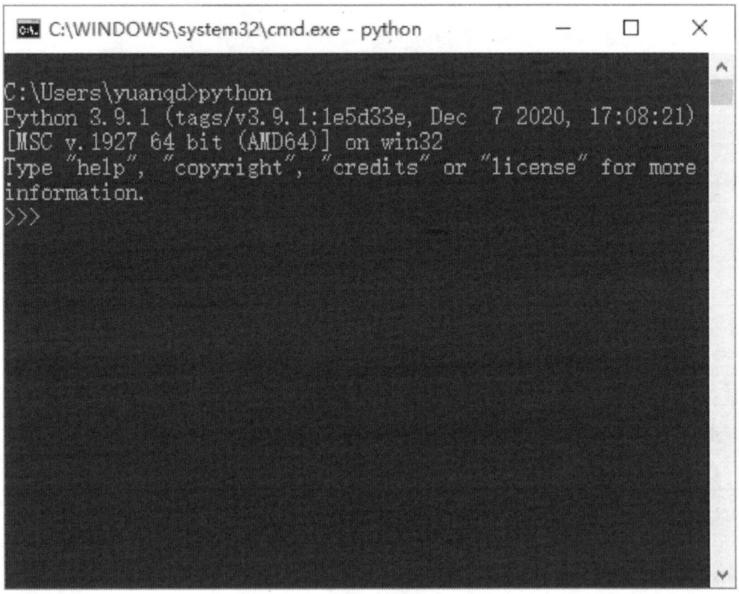

图 2-1

思考与练习题

一、简答题

Python 语言具有什么特点?

二、操作题

下载并安装 Python,熟悉安装基本流程。

2.2　第一个程序 hello world!

打开 Python 自带的 IDLE Shell;

输入:print("hello world!");

回车,就完成了第一个程序,如图 2 - 2 所示。

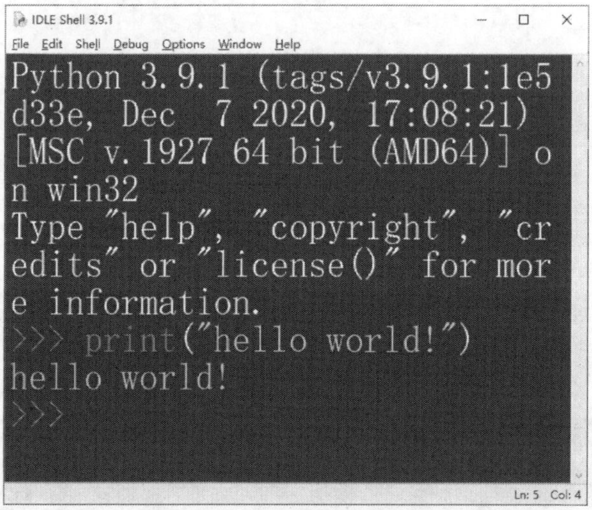

```
IDLE Shell 3.9.1                              —   □   ×
File  Edit  Shell  Debug  Options  Window  Help
Python 3.9.1 (tags/v3.9.1:1e5
d33e, Dec  7 2020, 17:08:21)
[MSC v.1927 64 bit (AMD64)] o
n win32
Type "help", "copyright", "cr
edits" or "license()" for mor
e information.
>>> print("hello world!")
hello world!
>>>
                                           Ln: 5  Col: 4
```

图 2 - 2

程序分析:print()是 Python 内置函数名称,作用是输出括号中的内容;"hello world!"是字符串类型的数据,作为参数传递给 print 函数。如需要一次输出多个参数,参数与参数之间用逗号隔开即可,如

```
print("Fruit", "Banana", "Apple")
```

print()函数执行完成后默认换行,如不需要换行,则在输出内容之后加上 end = "",即

```
print("China", end = "")
```

思考与练习题

一、简答题

1. 尝试在 Python2. x、Python3. x 下使用 print 函数完成"hello world!"输出,观察有什么区别。

2. Python 采用解释执行,它和 C 语言从运行机制上有什么不同?

二、程序设计题

试编写一段程序,显示一段信息,描述自己的家乡。

2.3 变量、数据类型、表达式

2.3.1 变量

在面向对象的程序设计语言中,对象是指某个数据类型的具体实例。Python 语言是一种面向对象的编程语言,在 Python 中一切皆对象,指向对象的名称就是变量。从本质上来看,变量是该对象在内存中的存储位置的别名,通过访问变量,就可以对对象进行操作。

例如,对于程序语句"year = 2022",year 为变量,2022 为常数,= 为赋值操作符,语句将等号右边的值赋值给等号左边的变量。

Python 采用动态类型,可以根据赋值类型决定变量的数据类型,Python 的变量可以不声明直接赋值使用,并且变量的值是在不断动态变化的。

语句"year = year + 1"执行时,就是把变量 year 中的数据取出来,加上 1 后,再放入变量 year 中,year 的值发生了动态变化。

标识变量需要为每个变量起名,变量名遵从如下 Python 标识符命名规则:

(1)由字母、数字、下划线组成。所有标识符可以包括英文、数字以及下划线(_),但不能以数字开头。

(2)区分大小写。

(3)不能使用 Python 中的保留字。

(4)以单下划线或双下划线开头的标识符有特殊意义。如__init__()代表类的构造函数。

专业的 Python 编程风格应该遵循 PEP8(Python 第 8 号增强提案),这样更利于多人协作,并且后续的维护工作也将变得更容易。

2.3.2 数据类型

与数学中将数字分为整数、实数等类型一样,在 Python 中,数据也是有类型的,对应的存放数据的变量也是有类型的,Python 3.0 中变量有数字类型(numbers)、字符串类型(strings)、列表类型(lists)、元组类型(tuples)、字典类型(dictionaries)、集合类型(sets)等六个标准的数据类型。

(1)数字类型。数字类型包括整型(integers)、布尔型(bool)、浮点型(floating point

numbers)及复数(complex numbers)。

Python 3.0 之后的版本中,Python 的整型是长整型,能表达的数的范围是无限的,只要内存足够大,就能表示足够多的数。使用整型的数还包括其他进制:0b 开始的是二进制(binary),0o 开始的是八进制(octonary),0x 开始的十六进制(hexadecimal)。进制之间可以使用函数进行转换,使用时需要注意数值符合进制。

布尔型用于逻辑判断真或假,用 True 来表示真,用 False 来表示假。在 Python 语言中,False 可以表示数值为 0,对象为 None,或者序列中的空字符串、空列表、空元组。例如,100 > 101 的结果为假,赋值语句"b = 100 > 101"执行后,变量 b 的值为 False。

浮点型是含有小数的数值,用于实数的表示,由正负号、数字和小数点组成,正号可以省略,如 -3.0、0.13、7.18。

复数型由实数和虚数组成,用于复数的表示,虚数部分需加上 j 或 J,如 -1j、0j、1.0j。Python 的复数型是其他语言没有的。

类型之间可以动态转换,例如,1.0 是实数,为浮点类型。赋值语句"x = 1"执行后,变量 x 的类型为整数类型。

(2)字符串类型。字符串是前后带引号的字符序列,可以使用:①一对单引号;②一对双引号;③三对单引号;④三对双引号。这几种形式都可以表示字符串,①、②作用相同,只能表示单行字符串;③、④既可以表示单行字符串,也可以表示多行字符串,即在字符串内部换行。下列代码示范了字符串的定义和使用:

```
#字符串类型
str_demo1 = '1:hello world'
str_demo2 = "2:hello world"
str_demo3 = """3:hello world
hellll"""
str_demo4 = '''4:hello world
hello world'''
print(str_demo1)
print(str_demo2)
print(str_demo3)
print(str_demo4)
```

多个字符串进行连接使用" + "号,例如,str_demo5 = str_demo1 + str_demo2。如果字符串中出现单引号、双引号或者一些特殊符号,需要用转义字符"\"将单引号或双引号进行转义。例如,在执行 print("Roban's functions")语句时,Python 无法判定 Roban 后面的单引号是字符串的结尾还是字符串中的符号,在执行时会报错。此时,需要对该单引号进行转义,即 print("Robans\' functions"),双引号表示的字符串中出现的单引号不需要转义。例如,print("Robans' functions")。

Python 支持类型转换,有对应的内置函数可用。

转换为整型 int 类型:int(x[　,base])。

int()函数将 x 转换为一个整数,x 为字符串或数字,base 为进制数,默认为十进制。

```
>>>int(100.1)#浮点转整数
100#返回结果
>>>int('01010101',2)#二进制转换整数
85#返回结果
```

其他的函数还有转换为浮点型 float 类型,float(x);转换为字符串 str 类型,str(x);转换为布尔值布尔类型,bool(x)。Python 中常用的数据类型(数字类型、字符串、布尔值、列表、元组、字典、可变集合)之间可以按规则互相转化。

2.3.3　表达式

表达式是相同类型的数据(如常数、变量等)用运算符号按一定的规则连接起来、有意义的式子。

1.算术运算符

算术运算符主要用于数字类型的数据的基本运算,Python 支持直接进行计算,支持四则混合运算符号,常见的算术运算符见表 2-1。

表 2-1　算术运算符

运算符	说明	实例	结果
+	加	12+8	20
-	减	12-8	4
*	乘	12*8	96
/	除	12/8	1.5
//	取整除,即返回商的整数部分	12//8	1
%	求余,即返回除法的余数	12%8	4
-	取负数,即返回其负数	-8	-8

2.比较运算符

比较运算符也称关系运算符,用于对变量或者表达式的结果进行大小、真假等比较,常用于条件语句中作为判断的依据。Python 中使用的比较运算符包括 <、>、<=、>=、==、!=,分别为小于、大于、小于等于、大于等于、等于和不等于,见表 2-2,比较运算符运算结果为布尔型数据。如果比较结果为真,则返回 Ture;如果为假,则返回 False。

表2-2　比较运算符

运算符	说明	实例	结果
>	大于	'a' > 'b'	False
<	小于	156 < 225	True
= =	等于	'c' = = 'c'	True
! =	不等于	'a'! = 'b'	True
> =	大于等于	129 > = 156	False
< =	小于等于	108 < = 155	True

3. 逻辑运算符

逻辑运算符是对真和假两种布尔值进行运算,运算结果仍是布尔值,用于判断表达式的 True 或者 False。Python 中的逻辑运算符主要包括 and(逻辑与)、or(逻辑或)和 not(逻辑非),见表 2-3。

表2-3　逻辑运算符

运算符	说明	用法	运算方向
and	逻辑与	A and B	从左到右
or	逻辑或	A or B	从左到右
not	逻辑非	not A	从右到左

运用逻辑运算符进行逻辑运算时,需遵循的具体规则见表 2-4。

表2-4　运用逻辑运算符进行逻辑运算的规则

表达式 1	表达式 2	表达式 1 and 表达式 2	表达式 1 or 表达式 2	not 表达式 1
True	True	True	True	False
True	False	False	True	False
False	False	False	False	True
False	True	False	True	True

4. 复合赋值运算符

复合赋值运算符是将一个变量参与运算的运算结果赋值给该变量,以变量 a 为例,表示 a 参加了该运算,运算完成后结果赋值给 a。运用复合赋值运算符的规则见表 2-5。

表2-5　运用复合赋值运算符的规则

运算符	说明	表达式	等效表达式
=	直接赋值	x = y + z	x = z + y
+ =	加法赋值	x + = y	x = x + y
− =	减法赋值	x − = y	x = x − y
* =	乘法赋值	x * = y	x = x * y
/ =	除法赋值	x/ = y	x = x/y
% =	取模赋值	x% = y	x = x%y
* * =	幂赋值	x * * = y	x = x * * y
// =	整除赋值	x// = y	x = x//y

5. 运算符运算优先级

在表达式中包括多种运算符时,运算优先级规则为:算术运算符高于比较运算符,比较运算符高于逻辑运算符。

在同类运算符中,加和减的运算优先级最低,"非"高于"与"高于"或"。例如,Python中的如下运算:

```
a = 4
b = 3
c = 4
d = 8
print(a = = c)
print(a > b)
print(d% c)
print(d//b)
print(a − b)
print(a * b + c * d)
print(a > d and a < b)
print(a = = c or a < b)
```

运行结果:

```
True
True
0
2
1
44
```

```
False
True
```

2.3.4　流程控制

流程控制是指在程序运行时对指令运行顺序的控制。程序流程结构可分为三种:顺序结构、分支结构和循环结构。Python 语言中,使用 if 语句实现分支结构,使用 for 和 while 语句实现循环结构。

1. 顺序结构

顺序结构是程序中最常见的流程结构,按照程序中语句的先后顺序,自上而下依次执行,称为顺序结构。

2. 分支结构

条件语句也称选择语句,是根据条件判断的结果,决定是否执行或如何执行后续流程的语句。在 Python 中条件语句主要有三种形式,分别为 if 语句、if…else 语句和 if…elif…else 多分支语句。用来判断的条件表达式的值只要不是 False、0、空值(None)、空列表、空集合、空元组、空字符串等,其他均为 True。

(1)if 语句。Python 实现分支结构的语句主要是 if 语句,简单的语法格式如下:

```
if 表达式:
    语句块
```

其中,表达式可以是一个单纯的布尔值或变量,也可以是比较表达式或逻辑表达式,如果表达式为真,则执行语句块,如果表达式为假,则跳过语句块继续执行后面的语句。

(2)双分支 if 语句。if…else 语句又称双分支 if 语句,其语法格式为

```
if 表达式:
    语句块1
else:
    语句块2
```

当 if…else 语句中表达式为真时,执行 if 后面的语句块(即语句块 1),否则执行 else 后面的语句块(即语句块 2)。

Python 以缩进区分语句块,if 和 else 能够组成一个有特定逻辑的控制结构,有相同的缩进,每一个语句块中的语句均要遵循这一原则。例如,if 语句判断学生是否已经满足入学年龄。

```
age = 7
if age > = 6:
    print("满足")
else:
    print("不满足")
```

利用 if 语句判断年龄是否为 6 以上,如是则输出"满足",否则输出"不满足"。Python 中指定任何非 0 和非空值为 True,0 或者空值(如空的列表)为 False。上面代码中,如果条件 age > =6 变成了 age,程序在执行时也不会出错,而是执行条件为真部分。

(3)多分支 if 语句。if…elif…else 称为多分支 if 语句,其语法格式为

```
if 表达式 1:
    语句块 1
elif 表达式 2:
    语句块 2
else:
    语句块 n
```

这里的 elif 为 elseif 的缩写,需要注意的是:

①else、elif 为 if 语句的子语句块,不能独立使用。

②每个条件后面要使用冒号":",表示满足条件后需要执行的语句块,后面几种其他形式的选择结构和循环结构中的冒号也是必须要有的。

③使用缩进来划分语句块,相同缩进数的语句组成一个语句块。

3. 循环结构

Python 中有两个主要的循环结构:while 循环和 for 循环,用于在满足条件时重复执行某段代码块(循环体),以处理需要重复处理的相同任务。for 语句用来遍历序列对象内的元素,通常用在已知的循环次数;while 语句则编写通用循环的方法。

(1)for 循环语句。for 循环是一个依次重复执行的循环,通常用于枚举或遍历序列,以及迭代对象中的元素。for 循环语法格式为

```
for 变量 in 序列或迭代对象:
    循环体(语句块 1)
else:
    语句块 2
```

执行 for 循环时,遍历对象中的每一个元素都会赋值给变量,然后为每个元素执行一遍循环体。变量的作用范围是 for 所在的循环结构。注意:for 和 else 后面冒号不能丢,循环体、语句块缩进严格对齐。

例:for 循环求 $1 + 2 + \cdots + 100$。

```
sum = 0
for i in range(101):
    sum += i
print(sum)
```

程序利用 sum 变量保存求和结果,通过 for 循环遍历 range(101)中的数字,即 1 ~ 100

中的所有整数,并将每一次遍历的结果加到 sum 变量,range(101)中所有数字遍历结束后,循环结束,输出 sum 的值为 5 050。

上述代码中使用了 range( )函数,该函数是 Python 内置的函数,用于生成一系列连续的整数,多用于 for 循环中。其语法格式为

> range(起始数值,终止数值[,步长])

range 函数生成从起始数值到终止数值(不含终止数值)间的数字序列。步长参数为可选项,默认值为 1。例如,range(1,5)得到的数字序列为 1,2,3,4;range(2,11,2)得到的数字序列为 2,4,6,8,10。

for 循环嵌套是指在 for 循环里有一个或多个 for 语句。循环里面再嵌套一重循环的叫双重循环,嵌套两层以上的叫多重循环。

例如,求 1! +2! +3! +4! +…+10! 的和。

```
#求 1! +2! +3! +4! +…+10! 的和
sum =0
for num in range (1,11):
    m = num
    for j in range (1, num) :
        m * =j
    sum + =m
print (sum)
```

(2)while 循环语句。当不知道循环次数,但知道循环条件时,一般使用 while 语句。while 循环是通过一个条件表达式来控制是否继续反复执行循环体中的语句。循环体指一组被重复执行的语句。while 循环语法格式为

> while 表达式:
>   循环体

Python 先判断条件表达式的值为真还是假,如果为真,则执行循环体中的语句。执行完毕后,会再次判断条件的值为真还是假,再决定是否执行循环体中的语句,直到条件表达式的值为假,退出循环。

例:while 循环求 1 +2 +…+100。

```
sum =0
i =1
while i < =100:
    sum = sum + i
    i = i +1
print(sum)
```

程序利用 sum 变量保存求和结果,每次加的数保存在变量 i 中,第一个数为 1,在变量 i 小于或等于 100 时,while 语句条件为真,执行循环体,将变量 i 值加到 sum,为了再次执行循环体时加下一个数,需要将变量 i 加 1,循环体语句执行结束后,再次判断条件是否为真,如果为真再次执行循环体。当条件不满足,即 i = 101 时,循环结束,输出 sum 的值为 5 050。

对于有限循环次数的 while 循环程序,为确保循环能够正常结束,不陷入死循环(即在执行若干次循环体后,while 条件变为假,循环结束),循环体中一定要包含使循环条件变为假的语句。如上面代码中的 i = i + 1。

(3)continue 语句。continue 在循环结构中执行时,将会立即结束本次循环,开始下一轮循环,即跳过循环体中在 continue 之后的所有语句,继续下一轮循环。

例:循环输出 2 * i, i 是大于等于 0、小于 10 的整数,且 i 不是 3 的倍数。

```
#循环输出 2 * i,i 不是 3 的倍数
for i in range(10):
    if i % 3 = = 0:
        continue
    else:
        print (2 * i)
```

输出结果:

```
2
4
8
10
14
16
```

(4)break 语句。break 语句在循环结构中执行时,将会跳出循环结构,转而执行循环结构后的语句,即不管循环条件是否为假,遇到 break 语句将提前结束循环。

例:for 循环找出 20 以内第一个被 3 除余 2 的数。

```
#for 循环找出 20 以内第一个被 3 除余 2 的数
for i in range(20):
    if i % 3 = = 2:
        print(i)
        break
```

输出结果:

```
2
```

思考与练习题

一、选择题

1. 执行 Python 赋值语句"x = 123 + 4.5;",则"print(type(x))"的输出结果是( )。

A. < class 'double' >　　B. < class 'float' >　　C. < class 'list' >　　D. < class "dict" >

2. Python 语句"name = " zhangshan"; age = 18; print(name + age)"的执行结果是( )。

A. 'zhangshan'2　　　B. zhangshan18　　　C. 'zhangshan18'　　D. 语法错误

3. 关于 Python 内存管理,下列说法错误的是( )。

A. 变量不必事先声明

B. 变量无须先创建和赋值而直接使用

C. 变量无须指定类型

D. 可以使用 del 释放资源

4. 输入下列语句,输出结果为( )。

```
>>>name ="python"
>>>print("hello" + name)
```

A. hellopython　　　　　　　　　　B. "hello"python

C. hello python　　　　　　　　　　D. 语法错误

5. 表达式 sqrt(16) * sqrt(9)的值为( )。

A. 64.0　　　　　　B. 144　　　　　　C. 12　　　　　　D. 16

6. Python 中的数据类型不包括( )。

A. char　　　　　　B. int　　　　　　C. float　　　　　　D. list

7. 如下所列表达式中,为 True 的是( )。

A. 4 > 3 > 3　　　　B. 2 ! = 3 or 0　　　C. 5 < 5　　　　D. 1 and　5 = =0

8. 下列变量中不符合命名规则的是( )。

A. TempStr　　　　B. 3_1　　　　　　C. I　　　　　　D. _AI

9. 设有如下字符串:tStr = " Hello Python World",则如下语句中,可以输出"World"的是( )。

A. print(tStr[- 5:0])　　　　　　B. print(tStr[- 5:])

C. print(tStr[- 5: - 1])　　　　　D. print(tStr[- 4: - 1])

10. 下面代码的输出结果是( )。

```
print(0.5 - 0.2 = =0.3)
```

A. false　　　　　　B. True　　　　　　C. False　　　　　　D. true

11. Python 可以在一行上包含多条语句,它们之间使用( )分隔。

A. 大括号　　　　　B. 冒号　　　　　　C. 逗号　　　　　　D. 分号

12. 下列语句的输出结果是(　　)。

```
message = 'Python is Open Source!'
print(message.upper())
```

A. 'Python

B. Python IS OPEN SOURCE！

C. python is open source！

D. PYTHON IS OPEN SOURCE！

13. 不是分支结构的 Python 保留字是(　　)。

A. elif 　　　　　　B. elseif 　　　　　　C. if 　　　　　　D. else

14. 若要统计符合"性别（sex）为男、职称（zc）为副教授、年龄（age）小于 30 岁"条件的人数,正确的语句为(　　)。

A. if(sex = = "男" or age < 30 and zc = = "副教授") : n + = 1

B. if(sex = = "男" and age < 30 and zc = = "副教授") : n + = 1

C. if(sex = = "男" and age < 30 or zc = = "副教授") : n + = 1

D. if(sex = = "男" or age < 30 or zc = = "副教授") : n + = 1

15. 如下代码定义变量的输出结果是(　　)。

```
x = 12.34 + 56j
print(x.real)
```

A. 56 　　　　　B. 12.34 　　　　　C. 12 　　　　　D. 34

16. 下面代码的输出结果是(　　)。

```
x = 9
y = 1 + 2j
print(x + y)
```

A.（10 + 2j） 　　　B. 11 　　　　　C. 2j 　　　　　D. 9

二、简答题

1. 在 Python 中,是否需要事先声明变量名及其类型?

2. 简述 Python 中变量名的命名规则。

3. 在 Python 中,数值类型数据包含几种? 试举例说明。

4. Python 代码执行方式分几类?

5. 假设字符串变量 stxt = "hello,python!",请写出完成下列功能的语句:

(1)请输出 stxt 字符串对应的前 3 个字符。

(2)请输出 stxt 字符串的尾部 6 个字符。

(3)请输出 stxt 字符串的长度。

(4)删除 stxt 字符串中"python",并输出结果。

(5)使用 pop 语句删除最后一个字符。

(6)将 stxt 字符串全部变为大写字符,并输出结果。

(7)将 stxt 字符串全部变为首字母大写,并输出结果。

（8）获取子字符串"python"，并输出结果。

三、程序设计题

1. 编写一个 Python 程序，由用户输入两个数，比较它们的大小并输出其中较大者。

2. 对于字符串"xabnnnanbcsnmgppgnnntsg"，编写程序统计其中字母 n 出现的次数。

3. 编写一个模拟用户的登录程序，要求最多只能出现三次密码出错，若出错超过三次则退出。

4. 编写程序，判断某年是否为闰年，并判断当前的年份是否为闰年。

5. 编写程序，判断某个整数 N 是否为素数。

6. 编写程序，将某考试科目原来百分制的学生成绩进行五分制的划分，划分标准见表 2-6。

表 2-6　成绩划分标准

百分制成绩	五分制成绩
90 ~ 100	优秀
80 ~ 89	良好
70 ~ 79	中等
60 ~ 69	及格
60 分以下	不及格

2.4　组合数据类型

2.4.1　列表

1. 列表定义

列表由一系列按特定顺序排列的元素组成，元素可以是任何类型的对象。与其他语言中的数组不同，列表元素之间可以没有任何关系，可以是不同数据类型的。因为列表包含多个元素，所以通常给列表变量起一个表示复数的名称（如 fruits、books 或 names）。

在 Python 中用方括号（[ ]）来表示列表，并用逗号来分隔其中的元素。

例：列表定义，元素可以是任何类型。

```
#list 的定义
numbers = [1,2,3,4,5]
letters = ["a","b","c","d","e"]
anything =[1,"python",True]
print(numbers)
```

```
print(letters)
print(anything)
```

输出结果为

```
[1, 2, 3, 4, 5]
['a', 'b', 'c', 'd', 'e']
[1, 'python', True]
```

列表中允许有不同数据类型的元素,例如:

```
list1 = [1, "h", 2, "h", 5, "n", 'Python']
```

但通常建议列表中元素最好使用相同的数据类型。另外列表还可以嵌套使用,即列表的元素仍然是列表,例如:

```
list2 = [list1, list3, list4]
```

2. 访问列表元素

通过下标(索引)访问列表元素,格式如下:列表名称[索引]。

例:计算某同学五门功课的平均成绩。

```
#计算某同学五门功课的平均成绩
grades =[89,78,72,92,101]
sum = 0
i = 0
while i < len(grades):
    sum = sum + grades[i]
    i = i + 1
print ("average grade:",sum/len(grades))
```

在本例中,利用函数 len()求出列表长度,即列表元素个数。在 while 循环中,通过索引(i 变量,初值为 0)访问列表元素,将列表元素的内容累加求和,最后输出平均值。索引 0 访问的是列表的第一个元素,索引可以为负数,例如,当索引为 −1 时访问的是从列表的右侧开始倒数 1 个的元素。

同 C 语言中数组一样,列表元素可以直接赋值修改。

3. 列表分片

取列表的一部分元素,称为分片。Python 对列表提供了强大的分片操作,运算符仍然为下标运算符。创建列表分片需要指定所取元素的起始索引和终止索引,中间用冒号分隔。分片将包含从起始索引到终止索引(不含终止索引)所对应的所有元素。

例如,要输出列表中的前三个元素,需要指定索引 0:3,这将输出分别为 0、1 和 2 的元素。

```
numbers = [1,2,3,4,5,6,7,8,9,0]
print(numbers[0:3])
```

输出结果为

```
[1,2,3]
```

不指定起始索引,Python 将自动从列表头开始;不指定终止索引,Python 将提取到列表末尾;终止索引小于等于起始索引时,分片结果为空;两个索引都不指定时,将复制整个列表。

例:复制列表。

```
fruits =['orange', 'banana', 'peach', 'grape', 'lemon']
copyfruits = fruits[:]
copyfruits.append('mango')
print(fruits)
print(copyfruits)
```

输出结果为

```
['orange', 'banana', 'peach', 'grape', 'lemon']
['orange', 'banana', 'peach', 'grape', 'lemon', 'mango']
```

4. 删除列表元素

可以使用 del 语句删除列表的元素,格式为

```
del listname[索引]
```

该索引的元素被删除后,后面的元素将会自动移动并填补该位。

在不知道或不关心元素的索引时,可以使用列表内置方法 remove( )来删除指定的值,例如:

```
listname.remove('值')
```

清空列表,可以采用重新创建一个与原列表名相同的空列表的方法,例如:

```
listname = []
```

删除整个列表,也可以使用 del 语句,格式为

```
del listname
```

5. 添加新的元素

有两种添加新元素的方法。

(1)在列表末尾添加新的元素。

```
listname.append(元素)
```

(2)将元素插入到列表指定索引位置。

```
listname.insert(位置,元素)
```

6. 列表加和乘运算

对两个列表,加法表示连接操作,即将两个列表合并成一个列表。例如:

```
letters = ['a','b','c','d','e']
numbers = [1,2,3,4,5,6,7,8,9,10]
L = letters + numbers
print(L)
```

输出为

```
['a', 'b', 'c', 'd', 'e', 1, 2, 3, 4, 5, 6, 7, 8, 9, 10]
```

列表的乘法表示将原来的列表重复多次,例如:

```
L = [0] * 100
```

会产生一个含有100个0的列表。乘法操作通常用于对一个具有足够长度的列表的初始化。

7. 列表的内置函数与其他方法

列表有很多内置函数非常有用,常用操作列表的方法见表2-7。

表2-7 常用操作列表的方法

方法	说明	示例
append( )	向列表尾部添加元素	xs. append("six")结果为: xs = ["one","two","three","four","five","six"]
insert(index,value)	在列表中插入元素	xs. insert(2,"six")结果为: xs = ["one","two","six","three","four","five"]
pop( )	删除列表末尾的元素,带返回值,实现出栈操作	x2 = xs. pop()结果为: xs = ["one","two","three","four"],x2 = "five"
del 语句( )	从列表中删除元素	del xs[2],删除第2个元素,x2 = "three"
pop(i)	删除列表i位置的元素	x2 = xs. pop(2),删除第2个元素,x2 = "three"
remove(value)	根据值删除元素(多个满足条件时只删除第一个指定的值)	xs. insert(2,"five") xs. remove("five")结果为:xs与初始值相同
sort([reverse = True])	对列表进行永久性排序,默认为升序	xs. sort()结果为: xs = ["five","four","one","three","two"]
sorted( )	对列表进行临时排序	ys = sorted(xs)结果为: xs 不变,ys 为 xs 排序结果

续表 2-7

方法	说明	示例
reverse( )	反转列表元素的排列顺序	xs. reverse( )结果为： xs = ['five', 'four', 'three', 'two', 'one']
len( )	获取列表的长度	len(xs)

2.4.2 元组

1. 元组的定义

列表适用于存储在程序运行期间可能变化的数据集,列表元素是可以修改的。在需要创建一系列不可修改的元素时,可以使用元组。Python 将不能修改的、不可变的列表称为元组(Tuples)。元组与列表一样,属于 Python 中的序列类型。

元组看起来很像列表,但使用圆括号而不是方括号来标识。定义元组后,就可以使用索引来访问其元素,就像访问列表元素一样。

例:元组的使用。

```
letters = ('a','b','c','d','e','f')
L = len(letters)
for i in range(0, L):
    print(letters[i])
for a in letters:
    print(a)
```

可以看到,元组的创建很简单,把元素放入圆括号,并在每两个元素中间使用逗号隔开即可,格式为

```
tuplename = (元素1, 元素2, 元素3, …, 元素 n)
```

元组也可以为空:

```
sample_tuple5 = ()
```

为避免歧义,当元组中只有一个元素时,必须在该元素后加上逗号,否则括号会被当作运算符,例如:

```
sample_tuple6 = (123,)
```

元组也可以嵌套使用,即元组的元素也可以是元组,读者可自行探索。

2. 元组的使用

与列表相同,可以通过索引来访问元组中的值,索引也是从 0 开始,例如:

```
sample_tuple1 = (1, 2, 3, 4, 5, 6)
```

sample_tuple1[1]表示元组 tuple1 中的第 2 个元素:2。

sample_tuple1[3:5]表示元组 sample_tuple1 中的第 4 个和第 5 个元素,不包含第 6 个元素:4,5。

sample_tuple1[-2]表示元组 sample_tuple1 中从右侧向左数的第 2 个元素:5。

元组也支持切片操作。

sample_tuple1[:]表示取元组 sample_tuple1 的所有元素。

sample_tuple1[3:]表示取元组 sample_tuple1 的索引为 3 的元素之后的所有元素。

sample_tuple1[0:4:2]表示对元组 sample_tuple1 的索引为 0 到 4 的元素,每隔一个元素取一个。

虽然元组中的元素是不可变的,也就是不允许被删除的,但可以使用 del 语句删除整个元组,例如:

```
delsample_tuple1
```

2.4.3 字典

1. 字典的定义

字典是一系列"键:值"对。每个键都与一个值相关联,键和值之间用冒号分隔。Python 使用键来访问与之相关联的值,与键相关联的值可以是数字、字符串、列表乃至字典。在 Python 中,字典用放在花括号中的一系列"键:值"对表示,各个"键:值"对之间用逗号分隔。例如:

```
student = {"name":"Zhangsan", "age":20}
```

字典变量 student 定义了 name 和 age 两个键,分别取值为" Zhangsan" 和 20。访问字典元素与访问列表元素类似,由于每个值对应一键,访问该值时需要用键作为索引。例如,student[" age"]可以得到" age" 键对应的值20。

注意:创建字典时,同一个键被两次赋值,那么第一个值无效,第二个值被认为是该键的值。例如:

```
sample_dict1 = {'Model':'PC', 'Brand':'Lenovo', 'Brand':'Thinkpad'}
```

这里的键 Brand 生效的值是 Thinkpad。

2. 字典的使用

字典也支持嵌套,格式如下:

```
dictname = {键1:{键11:值11, 键12:值12 }, 键2:{键21:值21, 键2:
值22}, …, 键n:{键n1:值n1, 键n2:值n2}}
```

使用字典中的值时,只需要把对应的键放入方括号,格式为

```
dictname[键]
```

字典元素的修改、添加与删除说明如下:

（1）修改：对已有的键直接赋值。例如：

```
student ={"name":"Zhangsan", "age":24}
student['name'] = 'Lisi'
print(student['name'])
```

输出结果为

```
Lisi
```

（2）添加：增加新的"键:值"对,对新增加的键赋值。

```
student ={"name":"Zhangsan", "age":24}
student['score'] = '90'
print(student)
```

输出结果为

```
{'name': 'Zhangsan', 'age': 24, 'score': '90'}
```

（3）删除：用 del 命令删除一个字典键。

例：字典元素的修改、添加与删除。

```
student ={"name":"Zhangsan", "age":24}
student['score'] = '90'
del student['age']
print(student)
```

输出结果为

```
{'name': 'Zhangsan', 'score': '90'}
```

若要删除整个字典,则可用：

```
del student
```

字典对象提供了 items( )、keys( )和 values( )方法,分别用于获取"键:值"对的集合、键的集合和值的集合。

例：字典的遍历。

```
student ={"name":"Zhangsan", "age":20}
for k in student.keys():
    print(k)
for v in student.values():
    print(v)
for key,value in student.items():
    print(key,value)
```

items( )方法取到字典中"键:值"对的集合,在循环中分别赋值给 key 变量和 value 变量。输出结果为

```
name
age
Zhangsan
20
name Zhangsan
age 20
```

思考与练习题

一、选择题

1. 字典 alist = {′abc′:123,′def′:456,′ghi′:789,″age″:18},len(alist) 的结果是（　　）。

A. 6　　　　　B. 24　　　　　C. 4　　　　　D. 6

2. 对于 Python 中的元组类型,下列说法错误的是（　　）。

A. 元组创建后其中元素不可被修改

B. 元组中的元素不可以是不同类型

C. 元组通过逗号和圆括号来表示

D. 元组可以嵌套,即一个元组可以作为另一个元组的元素

3. 已知列表 a = ['12','2','3','4'],则表达式 max(a) 的值为（　　）。

A. '12'　　　　B. '2'　　　　C. '3'　　　　D. '4'

4. 下列选项中不是序列类型的是（　　）。

A. 元组类型　　B. 字符串类型　　C. 数组类型　　D. 列表类型

5. 元组变量 books = ("java","python","lisp","basic"),books[::-1]的结果是（　　）。

A. {'basic','lisp','python','java'}

B. ['basic','lisp','java','python']

C. ('lisp','basic','python','java')

D. ("java","python","lisp","basic")

6. 以下选项中能生成一个空字典的是（　　）。

A. x = list()　　B. x = tuple()　　C. x = dict()　　D. x = []

7. 设存在字典 adict,则对于 adict.keys() 的功能,下列说法中正确的是（　　）。

A. 会返回一个集合　　　　　B. 返回字典 adict 中的所有值

C. 返回字典 adict 中的所有键　　D. 返回一个元组

8. 设存在字典 adict,则对于 adict.values() 的功能,下列说法中正确的是（　　）。

A. 会返回一个集合　　　　　B. 返回字典 adict 中的所有值

C. 返回字典 adict 中的所有键　　D. 返回一个元组

9.设存在字典 adict,则对于 adict. items( )的功能,下列说法中正确的是(　　　)。

A.返回字典 adict 中所有键

B.返回一个元素为字典键值二元组的列表

C.返回一个元素为字典键值二元组的元组

D.返回一种 dict_items 类型,包括字典 d 中所有"键:值"对

二、填空题

1.执行 Python 语句"a = (5,)"后 a 的值为_____;执行语句"b = (5)"后 b 的值为_____。

2.字典的"键:值"对可通过_____方法获得。

3.字典和集合使用相同的符号_____作为定界符。

三、简答题

1.什么是列表? 列表中的元素是否可以修改? 列表中的元素是否需要同一数据类型?

2.什么是元组? 列表与元组这两种结构有什么区别?

3.什么是字典? 它与列表有什么不同?

4.为什么对列表元素的增加与删除应该尽量从列表的尾部进行操作?

5.在对列表删除操作中,del 和 remove 的区别是什么? 举例说明。

四、程序设计题

1.编写程序,生成一个包含 100 个随机整数的列表,并遍历输出。

2.编写程序,用户通过输入程序员名字和编程语言名称,生成一个包含若干名程序员名字和所喜爱的编程语言的字典,并遍历输出。

3.假设有一个班级,学生信息包括学号、姓名、年龄、性别、出生地等,编写程序,使用列表完成学生信息的录入和显示,并完成学生信息的添加、查找和删除功能。

4.设计一个字典,内容包括用户名和密码,设计实现模拟用户登录和注册功能。输入用户姓名作为键,输入用户密码作为值。

2.5　Python 函数

程序语言中的函数与数学函数概念是相似的,除了具备参数、返回值外,也可以重复调用已定义的函数。有了函数的概念,程序就可以按不同的功能拆分成不同的模块,不同的功能可由函数实现。

2.5.1　函数定义

在 Python 中,定义一个函数要使用 def 关键字,def 是定义(define)的缩写,定义函数

的语法格式如下：

```
def 函数名([参数1,参数2,…]):
    函数体
```

可以看到,函数代码块以 def 关键词开头,后接函数标识符名称和圆括号(),括号里面是函数的参数,冒号后面对应缩进的代码块是函数体。如果函数有返回值,函数体中使用 return 作返回。return 关键字后面可以是数值或其他类型的数据,也可以是变量或表达式。在执行到 return 语句时函数结束,一个函数可能会有多个 return 语句。

再次强调一下,Python 是靠缩进块来标明函数的作用域范围的,缩进块内是函数体,这和其他高级编程语言是有区别的。

例:定义可以实现 x∗y 的函数 mul(x,y),并计算 3∗4 的结果。

```
def mul(x,y):
    return x * y
print(mul(3,4))#调用函数
```

在 print 语句调用函数 mul(x,y)时,参数值 3 传给 x,参数值 4 传给 y,计算出结果 12,并将 12 作为函数返回。程序运行结果是输出 12。

上例中函数定义时并不会执行,程序第一条执行的语句是 print 语句,函数定义中的语句只有在被调用时才会执行。

例:定义对列表中元素求和的函数,并计算 range(10)中所有元素之和。

```
def total(list):
    sum = 0
    for i in list:
        sum + = i
    return sum
array = range(10)
s = total(array)
print(s)
```

2.5.2　Python 函数的参数传递

在 Python 程序中,不同类型参数的传递方式有所不同。

在数值、字符串、元组变量作为函数参数时,如 fun(a),传递的只是 a 的值,不会影响 a 变量本身。如果在函数中修改 a 的值,只是修改另一个复制的对象,不会影响 a 本身。

在列表、字典变量作为函数参数时,则是将列表地址传过去,如果在函数中修改列表内容,函数外部的列表值也会发生变化。

例:参数传递。

```
def swap(x,y):
    t = x
    x = y
    y = t
def swaplist(x):
    t = x[0]
    x[0] = x[1]
    x[1] = t
n = 2
m = 3
array = [2,3]
swap(n,m)
swaplist(array)
print("n = ", n, "m = ",m)
print(array)
```

程序运行结果为

```
n = 2 m = 3
[3, 2]
```

2.5.3　缺省参数

调用函数时,缺省参数的值如果没有传入,则被认为是默认值。

例:缺省参数。

```
def Student(name,grade = 3):
    print("name:",name,"grade:",grade)
Student(grade = 5,name = "Zhangsan")
Student(name = "Lisi")
Student("Wanger")
```

程序运行结果为

```
name: Zhangsan grade: 5
name: Lisi grade: 3
name: Wanger grade: 3
```

2.5.4　全局变量与局部变量

在函数外面定义的变量称为全局变量,全局变量的作用域在整个代码段(文件、模块),在整个程序代码中都能被访问到。不过在函数内部试图去修改一个全局变量时,系统会自动创建一个新的同名局部变量去代替全局变量,采用屏蔽(Shadowing)的方式;如果要在函数内部修改全局变量的值,并使之在整个程序生效,采用关键字 global 即可。

例:在函数内部可以去访问全局变量。

```
name = 'hello world!'
def foo1():
    name = "good"
def foo2():
    global name
    name = "good"
print(name)
foo1()
print("调用 foo1 后变量 name 的值为:" +name)
foo2()
print("调用 foo2 后变量 name 的值为:" +name)
```

在函数内部定义的参数和变量称为局部变量,超出了这个函数的作用域局部变量是无效的,它的作用域仅在函数内部。

2.5.5 Python 模块

在 Python 中,可以将一组相关的函数、数据放在一个以.py 为文件扩展名的文件中,这种文件称为模块。Python 模块为函数和数据创建了一个以模块名称命名的作用域。利用模块可以定义函数、类和变量,模块里也可以包含可执行的代码。Python 的模块机制应用于系统模块、自定义模块和第三方模块。

模块定义好后,可以使用如下两种方式引入模块:

(1)使用 import 语句来引入模块,语法如下:

```
import module1, module2[,…moduleN]
```

解释器遇到 import 语句,如果模块位于当前的搜索路径,该模块就会被自动导入。调用模块中函数时,格式为

```
模块名.函数名
```

在调用模块中的函数时,之所以要加上模块名,是因为在多个模块中,可能存在名称相同的函数,如果只通过函数名来调用,解释器无法知道要调用哪个函数。

例:引入系统 math 模块,求解一元二次方程。

```
import math
print("please input a,b,c")
a = int(input("a = "))
b = int(input("b = "))
```

```
c = int(input("c = "))
deta = b * * 2 - 4 * a * c
if deta > = 0:
    print("x1 = ",( -b + math.sqrt(deta)) /2 /a)
    print("x2 = ",( -b - math.sqrt(deta)) /2 /a)
else:
    print("no result")
```

input 函数用于键盘输入,返回值类型为字符串,由于一元二次方程系数为整数,需要利用 int()函数将输入的字符串转换为整数。开平方函数 sqrt 不属于 Python 系统基本函数,位于 math 模块中,在调用该函数前需要导入 math 模块。

例:course 模块(文件名:course. py)。

```
def information():
    title = input( "input title of course:")
    print("title = ", title)
```

course 模块定义了一个名为 information 的函数,并在函数中声明了 title、time 两个变量,分别用于存储课程名称与对应的课时,并通过 input()函数与 print()用于输入和输出课程信息。

例:主程序(文件名:coursemain. py)。

```
import course
def main():
    course.information()
main()
```

(2)使用 from 语句导入指定函数。有时只需要用到模块中的某个函数,from 语句可从模块中导入指定的部分,格式如下:

```
from 模块名 import 函数1[, 函数2[,…函数n]]
```

例如:

```
from math import sqrt
```

如果想把一个模块的所有内容全都导入,格式为

```
from 模块名 import *
```

思考与练习题

(查询 Python 相关资料,阅读本节内容,回答以下问题。)

一、选择题

1. Python 使用函数(　　)接收用户输入的数据。

A. accept( )　　　　B. input( )　　　　C. readline( )　　　　D. print( )

2. Python 中采用函数项的方法是(　　)。

A. 函数名(形参类型 形参1,形参类型 形参2,…)

B. 函数名(形参1, 形参2,…)

C. def 函数名(形参1, 形参2,…):

　　　函数体

　　　return［表达式|值］

D. def 函数名(形参类型 形参1,形参类型 形参2,…)

3. 下列选项中,不是函数作用的是(　　)。

A. 提高程序的可读性

B. 保证代码的一致性

C. 实现更好的代码复用,提高效率

D. 提高程序运行速度

4. 下列语句中,(　　)能实现导入模块 random 的功能。

A. import random   B. input random

C. Include random   D. #include random

5. 在 Python 中,用于输出的函数是(　　)。

A. write( )   B. output( )   C. print( )   D. cout( )

6. 关于函数中的 return 语句,下列说法正确的是(　　)。

A. 一个函数中至少要有一个 return 语句

B. 函数可以没有 return 语句

C. return 只能返回一个值

D. return 语句之后的语句会被执行

7. 给出如下代码:

```
def f(x,y):
    z = x * *2 + y
    y = x
return z
x = 5
y = 10
z = f(x,y) + x
```

则以下选项中描述错误的是(　　)。

A. 执行该函数后,变量 x 的值为 5

B. 执行该函数后,变量 y 的值为 10

C. 执行该函数后,变量 z 的值为 35

D. 该函数名称为 f

二、填空题

1. 若已定义函数

```
def fsum(*p):return sum(p)
```

则调用函数 fsum(1,3,5) 的值为_____。

2. 若已定义函数

```
def hanshu(a, b, c =4):
print(a,b,c)
```

那么表达式 hanshu(1,2) 的值为_____。

3. 已知

```
f = lambda x: x +1
```

那么表达式 f(5)的值为_____。

4. 定义函数

```
def f(*a):print(a)
```

那么表达式 f(1,2,3)的值为_____。

三、程序设计题

1. 试编写函数 faverage,该函数可以实现对 3 个数的输入,并且输出它们的平均值。

2. 试编写函数 fmessage,该函数可以实现对学生的姓名、年龄、出生地的输入,并且输出如下形式的一段学生的介绍信息:"张三,18 岁,出生在黑龙江",信息包含该学生的姓名、年龄和出生的信息。

3. 试编写一个程序完成对于一个整数是否为素数的判别,并调用该函数。

4. 试编写一个程序完成对于一个在线面馆的点餐,可以选择材料里是否包含"牛肉""鸡蛋"等,并调用该函数输出包含所选择材料的订单信息。

5. 将上题中的函数保存为模块,并调用模块,实现订单订餐。

2.6   Python 对象与类

Python 中的任何数据都是对象,如整型、字符串、列表都是对象。

每个对象由标识、类型和值 3 部分组成。对象的标识(变量名)代表该对象在内存中的存储位置。对象的类型表明它可以拥有的数据和值的类型。在 Python 中,可变类型的值是可以更改的,不可变类型的值是不能更改的。

对象不仅有值,还有相关联的方法。例如,一个字符串不仅包含文本,也有关联的方法,如将整个字符串变成小写或者大写的 lower( )方法和 upper( )方法。

例:对象的类型与方法。

```
fruit = "apple"
number = 23
print(type(fruit))
print(type(number))
print(fruit.lower())
print(fruit.upper())
```

type 函数的作用是获取变量的类型。程序运行结果为

```
<class 'str'>
<class 'int'>
apple
APPLE
```

任何一个字符串对象都有 lower( )方法和 upper( )方法,而整型对象则没有这两种方法。所有的字符串对象都是从同一个模板产生的,这种模板用于描述字符串对象的共同特征,称为类。对象是根据类创建的,一个类可以创建多个对象。

类是数据(描述事物的特征,在类中称为属性)和函数(描述事物的行为,在类中称为方法)的集合。

2.6.1 类的定义与使用

使用类可以描述任何事物,下面通过创建一个简单的动物类说明 Python 中类的定义与使用方法。

例:Animal 类(文件名:animal. py)。

```
class Animal():
    def __init__(self,kind,number):
        self.kind = kind
        self.number = number

    def printAnimal(self):
        print("kind = ",self.kind,"number = ",self.number)

a = Animal("bird",53)
a.printAnimal()
a.number = 38
print("kind = ",a.kind,"number = ",a.number)
```

(1)在 Python 中,使用 class 关键字来声明一个类。根据编程规范,首字母大写的名称指的是类。类定义中的括号指定的父类为空,默认为 object,也可以明确写上 class Animal(object),结果一样,表示从普通的 Python 类继承创建 Animal 类。

（2）__init__（）方法。__init__（）是一个特殊的方法，称为构造方法。开头和末尾各有两个下划线，这是一种约定，只有这样写，运行时环境才会把该函数识别为构造方法。加多条下划线是为了避免与 Python 其他方法发生名称冲突。

该方法中包含三个形式参数（简称形参）：self、kind 和 number。其中，形参 self 必不可少，还必须位于其他形参的前面。Python 调用 init（）方法创建 Student 实例时，将自动传入实际参数（简称实参）self。每个与类相关联的方法调用都自动传递实参 self，它是一个指向实例本身的引用，让实例能够访问类中的属性和方法。

（3）属性。init（）方法中定义的两个变量都有前缀 self。以 self 为前缀的变量都可供类中的所有方法使用，可以通过类的任何实例来访问这些变量。self. kind = kind 获取存储在形参 kind 中的值，并将其存储到变量 kind 中，然后该变量被关联到当前创建的实例。

self. number = number 的作用与此类似。像这样可通过实例访问的变量称为属性。

（4）在创建 Animal 实例 a 时，Python 将调用 Animal 类的方法 init（）。由于 self 自动传递，因此不需要在参数中包括 self，只需给最后两个形参（kind 和 number）提供值。通过将实际参数 bird 和 53 分别传递给形式参数 kind 和 number，为 kind 属性和 number 属性赋值。

（5）类中定义了一个方法：printAnimal（）。由于该方法不需要额外的信息，因此只有一个形参 self。

（6）使用点号. 操作符访问对象的属性和方法。

（7）可以通过对对象属性直接赋值的方式修改属性或增加属性。

Animal 类实例输出结果为

```
kind = bird number = 53
kind = bird number = 38
```

2.6.2　类的继承

编写的类以另一个已有的类为基础，可使用继承。一个类继承另一个类时，它将自动获得另一个类的所有属性和方法，原有的类称为父类，而新类称为子类。子类继承了父类的所有属性和方法，同时还可以定义自己的属性和方法。

例：Dog 类（文件名：animal. py）。

```
class Animal(object):
    def __init__(self,kind,number):
        self.kind =kind
        self.number =number
    def printAnimal(self):
        print("kind = ", self.kind, "number = ", self.number)
class Dog (Animal):
```

```
        def __init__(self,kind,number,weight,color):
            super(Dog,self).__init__(kind,number)
            self.weight = weight
            self.color = color
        def printCharacter(self):
            print("weight = ", self.weight, "color = ", self.color)
a = Dog("Dog",23,1.2, "black")
a.printAnimal()
a.printCharacter()
```

Dog 类说明：

（1）创建子类和定义子类时，必须在括号内指定父类的名称。

（2）super( )是一个特殊函数，帮助 Python 将父类和子类关联起来。这行代码让 Python 调用 Dog 父类（Animal）的方法 __init__( )，让 Dog 实例包含父类的所有属性。父类也称为超类（Superclass），名称 super 因此而得名。方法 __init__( ) 定义中包含五个形式参数：self、kind、number、weight 和 color。其中，形参 self 必不可少。由于 Animal 类在构造函数中创建了 kind 和 number 属性，Dog 类将继承父类这两个属性。父类中不包含的属性由子类在构造函数中创建。

（3）子类继承了父类方法 printAnimal( )，可以直接调用。程序运行结果为

```
kind = Dog number = 23
weight = 1.2 color = black
```

思考与练习题

一、单选题

1. 在 Python 中，(　　) 是一个类的实例。

A. 属性　　　　　　　B. 对象　　　　　　　C. 方法　　　　　　　D. 继承

2. (　　) 是可以定义相同类型对象的模板。

A. 类　　　　　　　　B. 对象　　　　　　　C. 方法　　　　　　　D. 数据字段

3. 在程序设计时，若希望使用已定义的类包含的方法，可通过(　　)。

A. 封装　　　　　　　B. 继承　　　　　　　C. 多态　　　　　　　D. 对象

二、程序设计题

1. 创建一个盒子类（Box），包含盒子的长（length）、宽（width）、高（height）和颜色（color）等几个属性，并建立一个方法 showbox，可以输出盒子的长、宽、高和颜色等信息。通过建立的盒子类，建立一个盒子实例，长、宽、高分别为 20、10、5，颜色是红色，并调用 showbox 方法，输出盒子的相应信息。

2. 创建一个猴子类（Monkey），属性包含猴子的身高（length）和颜色（color）等，并建

立一个方法 climb，可以显示爬树的信息。通过建立的猴子类建立一个猴子实例，身高为 1 m，颜色是黑色，并调用 climb 方法，输出猴子正在爬树的信息。

3. 创建一个飞机类（Airplane），属性包含飞机的型号（model）、生产厂商（make）、颜色（color）等，并建立一个方法 showairplane，可以显示飞机的状态信息。完成如下工作：

（1）通过建立的飞机类建立一个实例，并调用 showairplane 方法，输出飞机的信息。

（2）通过继承建立一个直升机类，继承飞机类，并添加新的属性旋翼直径。通过直升机类创建直升机的实例，并输出信息。

第3章　基于 OpenCV 的图像采集和处理

3.1　图像处理的基本概念

自 20 世纪 50 年代以来,有关图像处理、机器视觉、模式识别等的研究成果不断出现,每年均有大量相关论文发表。工业、经济等不同领域有大量工作需要用到图像处理、机器视觉等相关技术。本章将研究和讨论一些基本的图像处理和分析技术。

3.1.1　图像处理与图像分析

此处所说的图像处理是为了后续的图像分析和使用而对图像进行的预处理操作。摄像机或图像获取设备(如扫描仪)拍摄的原始图像格式可能不适用于图像分析程序,需要进行消除噪声、简化、增强、修正、分割、滤波等处理。图像处理是对图像进行改善、简化、增强,以及其他改变图像的方法和技术的总称。

图像分析是对经过处理后的图像进行分析,从中提取图像信息、识别物体或提取关于图像中的物体或周围环境特征的过程。

3.1.2　图像获取

现在常用的视觉摄像机有两种:模拟摄像机和数码摄像机。模拟摄像机已不再常用,但是还大量存在,它们是电视台的常用工具,数码摄像机更为常见,它们获取图像的原理是一样的。无论获取的图像是模拟的还是数字的,在视觉系统中最终都要数字化。在数字模式下,所有的数据都是二进制的,并且存储在图像文件中。因此,最终处理的都是数字 0 和 1 的文件,并从中提取信息和进行决策。

3.1.3　数字图像

无论哪种摄像机或图像获取系统,都需测量每个像素位置的颜色强度并将其转换成数字形式。图像数据以 tif、jpg、bmp、png 等图像格式的文件形式存在。

数字图像就是一个文件,它包含了顺序存储的各个像素点上的强度值,每个强度值都以二进制数表示。这些文件可以通过程序以不同的形式访问、读取、复制和修改。视觉程序通常用于访问这一信息,对其中的数据进行某些变换,然后显示结果并将修改过的结果存储在新的文件中。

一幅图像如果在每个像素点上都有着不同的灰度等级,就称它为灰度图像。彩色图像每个像素点由多个数字表示,与采用的颜色模式有关。

颜色模式是将某种颜色表现为数字形式的模型,或者说是一种记录图像颜色的方式。常用的颜色模式有:RGB 模式、HSB 模式、CMYK 模式等。

RGB 颜色是最常用的一种颜色模式,通过红、绿、蓝三个颜色通道的变化以及它们相互之间的叠加来得到各式各样的颜色,可以认为是三幅图像的叠加,共可以表示 16 777 216 种颜色。RGB 模式为图像中每一个像素的 RGB 分量分配一个 0~255 范围内的强度值。例如,纯红色表示为(255,0,0),即 R 值(红色)为 255,G 值(绿色)为 0,B 值(蓝色)为 0;白色表示为(255,255,255);黑色表示为(0,0,0)。

HSB(色度,饱和度,亮度)颜色模式采用颜色的三个属性(色度(hues),饱和度(saturation),亮度(brightness))来表示颜色,也是用量化的形式,饱和度和亮度以百分比值(0%~100%)表示,色度以角度(0°~360°)表示。

CMYK 颜色模式,C 代表青色(cyan),M 代表洋红色(magenta),Y 代表黄色(yellow),K 代表黑色(black),它是彩色印刷时采用的一种套色模式,利用色料的三原色混色原理,加上黑色油墨,共计四种颜色混合叠加,形成"全彩印刷"。

以采用 RGB 颜色模式的图像为例,当数字化彩色图像的时候,每个像素的每种颜色会由三组由 0 和 1 组成的串表示其强度。

另外,还有一种极端,但是在图像识别时很有用的图像,就是二值图像,每个像素不是全白就是全黑,即 0 或 1。为了获得一幅二值图像,在多数情况下要利用灰度图像的直方图和称为阈值的截断值。直方图决定了图像灰度等级的分布。可以选用一个最好的阈值使二值图像的失真最小,将所有灰度低于阈值的值置为 0(或关),将所有灰度高于阈值的值置为 1(或开)。改变阈值也就改变了二值图像。二值图像的优点在于其对存储器的要求远低于灰度图像或彩色图像,从而处理速度远快于彩色图像。

思考与练习题

查询图像相关资料,阅读本节内容,回答以下问题。

简答题

1. 什么是图像? 举例说明。

2. 什么是数字图像? 举例说明。模拟图像和数字图像有什么区别?

3. 什么是图像处理与图像分析? 二者有什么区别?

4. 什么是灰度图像? 什么是彩色图像?

5. 简述 RGB 颜色模式原理。

6. 简述 HSB 颜色模式原理。

7. 简述 CMYK 颜色模式原理。

8. 二维和三维图像的主要区别是什么?

9. 二维和三维图像的用途分别包括哪些?

3.2　OpenCV 入门

3.2.1　初识 OpenCV

开源计算机视觉库(Open Source Computer Vision Library,OpenCV)是一个开源的计算机视觉和机器学习软件库。OpenCV 提供了 C++、C、Python、Java 接口,并支持 Windows、Linux、Android、MacOS 平台,使企业能够轻松地使用和修改代码。

该库有 2 500 多个优化算法,其中包括一整套先进而经典的计算机视觉和机器学习算法。这些算法可用于检测和识别人脸,识别物体,对视频中的人类行为进行分类,跟踪摄像机运动,跟踪运动物体,提取物体的三维模型,从立体摄像机生成三维点云,将图像拼接在一起以生成整个场景的高分辨率图像,从图像数据库中查找类似图像,从使用 flash 拍摄的图像中移除红眼、跟踪眼球运动、识别风景并建立标记以将其与增强现实覆盖,等等。OpenCV 自问世以来不断完善,已经成为计算机视觉领域学者和开发人员的首选工具。

3.2.2　安装 OpenCV – Python

为了方便地在 Python 程序中使用 OpenCV,在使用前,需要安装 OpenCV – Python。安装方法很简单,打开命令行提示符界面,联网情况下输入

```
pip install opencv -python
```

即可完成安装。

3.2.3　Python API 的第一个示例

1. 读取图像

使用 cv2. imread( )函数读取图像。

```
cv2.imread(filename[, flags])
```

filename 图片的路径:图片应该在工作目录下,不然应给出图片完整路径。

flags 指定图像读取方式如下:

①cv2. IMREAD_COLOR:加载彩色图像,图像的任何透明度都将被忽略(默认读取方式)。

②cv2. IMREAD_GRAYSCALE:以灰度模式加载图像。

③cv2. IMREAD_UNCHANGED:加载包含 Alpha 通道的图像。

提示:可以使用1、0、– 1 代替表示上述三种图像读取方式。

```
import cv2
img = cv2.imread('haha.jpg',1)
```

2. 显示图片

使用 cv2. imshow( )函数读取图像。

```
cv2.imshow(winname, mat)
```

其中,winname 为窗口的标题和名字,mat 为要显示的图像。

简单地破坏创建的所有窗口。

```
cv2.destroyAllWindows()
```

如果想销毁任何特定的窗口,在其中传递确切的窗口名称作为参数。

```
cv2.imshow("showing",img)
cv2.waitKey(0)
cv2.destroyAllWindows()
```

cv2. waitKey([,delay])表示等待任意键输入,其中 delay 以毫秒为单位延迟,0 是指"永远"的特殊值。

3. 保存图片

```
cv2.imwrite(filename,img[,params])
filename 图像名称
img 保存的图像
```

params 对于 JPEG,其表示的是图像的质量,用 0 ~ 100 的整数表示,默认 95;对于 png,第三个参数表示的是压缩级别,默认为 3。

```
cv2.imwrite('1.jpg', img, [int(cv2.IMWRITE_JPEG_QUALITY), 95])
```

思考与练习题

查询 OpenCV 相关资料,阅读本节内容,回答以下问题。

一、简答题

1. 什么是 OpenCV,它包括哪些功能模块?

2. 如何安装 OpenCV?

3. 简述 core 模块的作用。

4. 简述 highgui 模块的作用。

5. 简述 imgproc 模块的作用。

二、操作题

1. 编程实现读取一张图像,然后显示该图像,并且保存图像。

2. 编程实现读取一张图像,然后显示该图像,并且保存图像为不同的格式,如 jpg、png。

3.3 图像数字化

3.3.1 认识 Numpy 中的 ndarray

OpenCV 的 PythonAPI 是基于 Numpy 的,它是 Python 语言的一个扩展程序库,支持多维度数组和矩阵的计算,其核心的数据结构是 ndarray。下面介绍 ndarray 的构造方法及其成员变址和成员函数。

Numpy 提供的 N 维数组类型 ndarray,是同一类型数据的一个集合,ndarray 储存数据时有如下特征:

(1)数据与数据的地址是连续的。

(2)同一个 ndarray 对象中存放的数据类型是相同的。

(3)ndarray 中的每个元素在内存中都有相同大小的存储区域。

图 3 – 1 清楚地展示了 ndarray 的内部结构。数据指针是一个指向实际数据的指针;数据类型(data-type)是描述数组中的固定大小的格子,即单个元素所占的字节数;维度(shape)是一个表示数组形状的元组,来描述各个维度的大小;跨度(stride)是表示从当前的维度"跨越"到下一个维度所需要的字节数。

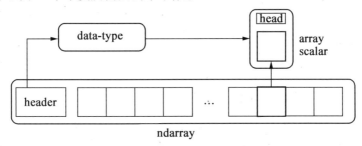

图 3 – 1

跨度可以是负数,这样会使得数组在内存中反方向(从后往前)运动,切片操作中的 obj[:: – 1]和 obj[:,:: – 1]就是这个原理。

创建 ndarray 对象的方法如下(这里介绍 4 个常用的方法):

①array 函数:接收一个 list,并将其转换为 ndarray。

②ones 函数:创建指定形状的全为 1 的数组。

③zeroos 函数:创建指定形状的全为 0 的数组。

④empty 函数:创建一个未初始化的 ndarray 数组(若之前创建过相同形状的数组,empty 函数会返回一个与之前相同的数组)。

实例 1：

```
import numpy as np
a = np.array([5, 7, 9])
print(a)
```

输出结果：

```
[5 7 9]
```

实例 2：

```
import numpy as np
a = np.ones((3, 4))
print(a)
```

输出结果：

```
[[1.1.1.1.]
[1.1.1.1.]
[1.1.1.1.]]
```

实例 3：

```
import numpy as np
a = np.zeros((3, 4))
print(a)
```

输出结果：

```
[[0.0.0.0.]
[0.0.0.0.]
[0.0.0.0.]]
```

实例 4：

```
import numpy as np
a = np.empty((2, 3))
print(a)
```

输出结果：

```
[[0.0.0.]
[0.0.0.]]
```

对最常用 array 函数的一些参数的具体说明见表 3 – 1。

表 3 – 1　对最常用 array 函数的一些参数的具体说明

名称	描述
Object	数组或嵌套的数列
Dtype	数组元素的数据类型，可选

续表3-1

名称	描述
Copy	对象是否需要复制,可选
Order	创建数组的样式,C 为行方向,F 为列方向,K 为任意方向(默认)
Subok	默认返回一个与基类类型一致的数组
Ndmin	指定生成数组的最小维度

默认参数:

```
array(object,dtype = None, *, copy = True, order = 'K', subok = False, ndmin = 0)
```

实例1:

```
import numpy as np
a = np.array([1, 2, 3], dtype = complex)
print(a)
```

输出结果:

```
[1.+0.j 2.+0.j 3.+0.j]
```

实例2:

```
import numpy as np
a = np.array([1, 2, 3],ndmin =2)
print(a)
```

输出结果:

```
[[1 2 3]]
```

3.3.2　矩阵运算

在图像处理与计算机视觉中,最常用的矩阵运算包括:加法、减法、点乘、乘法、求逆(除法)等。

1. 矩阵的加法

矩阵的加法是将相同矩阵的对应位置相加得到一个新的矩阵,在 Numpy 中可以使用"+"运算符实现两个矩阵的相加,代码如下:

```
import numpy as np
src1 =np.array([[23, 123, 90],[100,250,0]], np.uint8)
src2 =np.array([[125, 150, 60],[100,10,40]], np.uint8)
src = src1 + src2
print(src)
```

输出结果:

```
[[148  17 150]
[200   4  40]]
```

上边的例子中 np. uint8 为指定数据的类型,与上文中 array 参数中的 dtype 相同。两个数据类型为 uint8(即 uchar)的 ndarray 的和也是 uint8 类型的,即两个数据类型相同的 ndarray 的和与它们的数据类型相同,array 对大于 255 的 uchar 类型的处理方式是将该数对 255 取模运算后减 1,即 $273\%255 - 1 = 17$。

Numpy 中的"+"运算符也适用于不同数据类型的矩阵,比如仍然将 srcl 指定为 uint8 类型,而将 src2 指定为 float32 类型,这时候返回的矩阵和的数据类型与数值范围大的数据类型相同,因为 float32 的数值范围比 uint8 的数值范围大,所以返回值的数据类型为 float32。

当然,也可以使用 OpenCV 中的 add 函数的 PythonAPI 完成 ndarray 的加法运算,代码如下:

```
import numpy as np
import cv2
src1 = np.array([[23,123,90], [100,250,0]], np.uint8)
src2 = np.array([[125,150,60], [100,10,40]], np.uint8)
dst = cv2.add(src1, src2, dtype = cv2.CV_32F)
print(dst)
```

输出结果:

```
[[148.273.150.]
[200.260. 40.]]
```

2. 矩阵的减法

矩阵的减法是将相同矩阵的对应位置相减得到一个新的矩阵,在 Numpy 中可以使用"-"运算符实现两个矩阵的相减。代码可参考矩阵加法,只需要把代码中的"+"换成"-"即可。

```
import numpy as np
src1 = np.array([[23,123,90], [100,250,0]], np.uint8)
src2 = np.array([[125,150,60], [100,10,40]], np.uint8)
src = src1 - src2
print(src)
```

输出结果:

```
[[154  229  30]
[0  240  216]]
```

也可以使用 OpenCV 中的 subtract 函数的 PythonAPI 完成 ndarray 的减法运算,代码如下:

```
import numpy as np
import cv2
src1 = np.array([[23,123,90], [100,250,0]], np.uint8)
src2 = np.array([[125,150,60], [100,10,40]], np.uint8)
dst = cv2.subtract (src1, src2, dtype = cv2.CV_32F)
print(dst)
```

输出结果:

```
[[ -102. -27.  30.]
 [  0.  240.  -40.]]
```

3. 矩阵的点乘

矩阵的点乘和矩阵的加减运算类似,都是对应位置的元素相乘,得到一个新的矩阵。对于矩阵的点乘 Numpy 提供了两种计算方法,一是运用"＊"运算符,二是运用 multiply 函数。当然也要注意返回矩阵的类型,返回值的类型与原矩阵数据类型相同。仍然以 src1 与 src2 为例,代码如下:

```
import numpy as np
src1 = np.array([[23,123,90], [100,250,0]], np.uint8)
src2 = np.array([[125,150,60], [100,10,40]], np.uint8)
dest = src1 * src2 #使用"＊"运算符
print(dst)
dst = np.multiply(src1, src2) #使用 multiply 函数
print(dst)
```

输出结果:

```
[[ 59  18  24]
 [ 16  196  0]]
[[ 59  18  24]
 [ 16  196  0]]
```

4. 矩阵的乘法

矩阵的乘法是一种高效的算法,是线性代数中基本的概念之一,在图像处理和计算机视觉中有着重要的作用。在矩阵的乘法中对两个矩阵的形状有所要求,只有当 *A* 矩阵的列数和 *B* 矩阵的行数相等时才会有意义。一个 m 行 n 列的矩阵乘一个 n 行 p 列的矩阵会得到一个 m 行 p 列的矩阵。在 Numpy 中矩阵的乘法用 dot 函数实现,代码如下:

```
import numpy as np
src3 = np.array([[1,2,3], [4,5,6]], np.uint8)
src4 = np.array([[6,5], [4,3], [2,1]], np.uint8)
dst = src2.dot(src4)
print(dst)
```

输出结果：

```
[[190  111]
 [208  58]]
```

可以看出 src3 是一个两行三列的矩阵，src4 是一个三行两列的矩阵，相乘之后得到了一个两行两列的矩阵。

5. 矩阵的逆

在矩阵的运算中没有除的说法，但是矩阵有其独有的一个运算——求逆。例如，矩阵 A 的逆表示为 A^{-1}。同样在图像处理和计算机视觉中矩阵的逆运算有着重要的作用。在 Nupmy 中矩阵求逆用 numpy. linalg. inv( )实现，代码如下：

```
import numpy as np
src5 = np.array([[2,3],[5,6],])
dst = np.linalg.inv(src5)
print(dst)
```

输出结果：

```
[[ -2.         1.         ]
 [ 1.66666667 -0.66666667]]
```

3.3.3　彩色图像数字化

彩色图像的每一个像素都是由三个数值表示的。最常用的 RGB 模型（加色法混色模型）是通过颜色发光的原理来设定的，RGB 模型分为三个颜色通道（红（R）、绿（G）、蓝（B）），和灰度图像一样，为彩色图像中每一个像素点的 RGB 分量分配一个 0 ~ 255 的值，RGB 模型就可以使用三种颜色来表示 256^3 = 16 777 216 种颜色。如（0,0,0）代表黑色，（255,255,255）代表白色，（255,0,0）代表红色。同样可以使用 OpenCV 中的 imread 读取一张彩色图像，代码如下：

```
import cv2
import numpy as np
image1 = cv2.imread(r"picture4.jpg",1)
print(image1)
```

彩色图像有三个通道，所以得到的数字矩阵是一个三维的矩阵，结果如图 3 - 2 所示。

```
D:\anconda\envs\my_frist_env\python.exe D:/frist_env/OpenCV/2.5.1.py
[[[125 137 226]
  [125 137 226]
  [133 137 223]
  ...
  [122 148 230]
  [110 130 221]
  [ 90  99 200]]
```

图 3 - 2

思考与练习题

查询 Numpy 相关资料,阅读本节内容,回答以下问题。

一、简答题

1. 什么是图像的数字化?

2. Numpy 是什么?

3. ndarray 是什么?

4. 如何改变 ndarray 的数据类型?

二、程序设计题

1. 编写程序,实现对图 3-3 所示彩色图像的读取与显示,并查看图像数据,对比不同。

2. 编写程序,实现对图 3-4 所示灰度图像的读取与显示,并查看图像数据,对比其与第 1 题的不同。

图 3-3

图 3-4

3. 试写出完成如下功能的 Numpy 语句。

(1) 导入 Numpy 包,并取别名 np。

(2) 查看当前的 Numpy 版本信息。

(3) 试建立一个大小为 5×5 的全 0 数组。

(4) 试建立一个长度为 20 的全 0 数组,并将第 8 个元素值置为 5。

(5) 试建立一个值为 1~20 的数组(提示:使用 arange 方法)。

(6) 试建立一个元素为 0~15 的 4×4 二维数组。

(7) 试建立一个大小为 5 的对角矩阵。

(8) 试建立一个三维数组,大小为 2×2×3,元素值为随机的整数,并查看形态。

(9) 建立一个二维数组,大小为 4,元素值为随机的整数,并查看形态和维数。

(10) 建立一个二维数组,大小为 8×8,元素值为随机数,并试获得数组元素的最大最小值。

（11）试建立一个向量，向量中元素的个数为45，向量元素的值为随机数，并求向量的平均值。

（12）试建立一个大小为 8×8 的对角矩阵。

（13）试建立两个矩阵，大小分别为 4×3 和 3×2，元素值为随机数，并查看矩阵相乘后的值。

（14）生成包含数字 0~35 等 36 个元素的一维数组，并转换为 6×6 形式。

（15）试建立两个元素数目相同的一维数组，数组元素为随机整数，并完成加（+）运算。

（16）试建立两个形态相同的二维数组，数组元素为随机整数，并完成减（−）运算。

（17）试建立两个元素数目相同的一维数组，数组元素为随机整数，并完成两个一维数组的乘运算。

（18）试建立两个元素数目相同的一维数组，数组元素为随机整数，并完成两个一维数组的除运算。

（19）试建立两个元素数目相同的一维数组，数组元素为随机整数，并完成两个一维数组的比较运算。

3.4　图像几何变换

3.4.1　平移

图像平移是最简单直接的仿射变换，图像的平移是把图像所有的像素坐标进行水平和垂直方向移动，也就是所有像素点按照给定的移动距离在水平方向上沿 x 轴、垂直方向上沿 y 轴移动。如图 3−5 所示，假设将空间坐标 (x,y) 先沿 x 轴正方向平移200，再沿 y 轴正方向平移300；或者反过来，先沿 y 轴正方向平移，再沿 x 轴正方向平移。平移后的坐标为 $(\tilde{x},\tilde{y})$，即 $(\tilde{x},\tilde{y}) = (x+200, y+300)$。

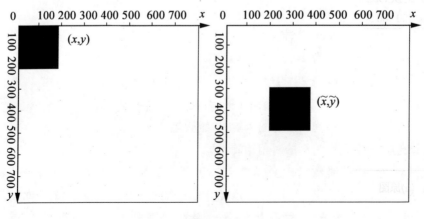

图 3−5

将上述示例一般化,假设任意空间坐标(x,y)先沿 x 轴平移 t_x,再沿 y 轴平移 t_y,则最后得到的坐标为$(\tilde{x},\tilde{y}) = (x+t_x,y+t_y)$。用矩阵形式表示该平移变换过程如下:

$$\begin{pmatrix} \tilde{x} \\ \tilde{y} \\ 1 \end{pmatrix} = \begin{pmatrix} 1 & 0 & t_x \\ 0 & 1 & t_y \\ 0 & 0 & 1 \end{pmatrix} \begin{pmatrix} x \\ y \\ 1 \end{pmatrix}$$

其中,若 $t_x>0$,则表示沿 x 轴正方向移动;若 $t_x<0$,则表示沿 x 轴负方向移动。t_y 与之类似。

3.4.2　放大和缩小

二维空间坐标(x,y)以$(0,0)$为中心在水平方向上缩放 s_x 倍,在垂直方向上缩放 s_y 倍,指的是变换后的坐标位置与$(0,0)$的水平距离变为原坐标与位置中心点的水平距离的 s_x 倍,垂直距离变为原坐标与中心点的垂直距离的 s_y 倍。根据以上定义,(x,y) 以$(0,0)$为中心缩放变换后的坐标为$(\tilde{x},\tilde{y}) = (s_x * x, s_y * y)$,显然,变换后的坐标位置与中心点的水平距离由 $|x|$ 缩放为 $|s_x x|$,垂直距离由 $|y|$ 缩放为 $|s_y y|$。若 $s_x>1$,则表示在水平方向上放大,就是与中心点的水平距离增大了;反之,表示在水平方向上缩小。同样地,若 $s_y>1$,则表示在垂直方向上放大;反之,表示在垂直方向上缩小。通常令 $s_x = s_y$,即常说的等比例缩放。例如,$(-100,100)$ 以$(0,0)$为中心放大两倍,则坐标变为$(-200,200)$。缩放变换也可用矩阵形式来表示,即

$$\begin{pmatrix} \tilde{x} \\ \tilde{y} \\ 1 \end{pmatrix} = \begin{pmatrix} s_x & 0 & 0 \\ 0 & s_y & 0 \\ 0 & 0 & 1 \end{pmatrix} \begin{pmatrix} x \\ y \\ 1 \end{pmatrix}$$

对连续区域的所有坐标进行缩放变换,如对图 3-6(a)所示的灰色区域的所有坐标进行缩放变换,效果如图 3-6(b)、(c)所示。

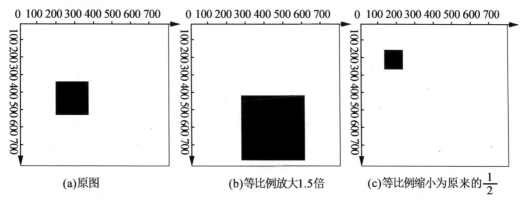

(a)原图　　　　(b)等比例放大1.5倍　　　　(c)等比例缩小为原来的 $\dfrac{1}{2}$

图 3-6

对于图像的缩小和放大 OpenCV 提供了 cv2. resize( )函数,通过调用 cv2. resize( )可以实现缩放。图像的尺寸可以自己手动设置,既可以指定缩放因子,也可以选择使用不同的插值方法。

```
cv2.resize(src, dsize, dst, fx, fy, interpolation)
```

该函数中参数的含义由表 3 − 2 所示 OpenCV 中图像缩放函数 resize 的参数解释。

表 3 − 2 缩放函数的参数含义

参数	解释
src	原图像
dsize	输出图像大小
dst	输出图像
fx	沿 x 轴的缩放系数
fy	沿 y 轴的缩放系数
interpolation	插值方法

插值方法:

①默认时使用的是 cv2. INTER_LINEAR。

②缩小时推荐使用 cv2. INTER_AREA。

③扩展放大时推荐使用 cv2. INTER_CUBIC 和 cv2. INTER_LINEAR。

3.4.3 旋转

除了坐标的平移、缩放,还有一种常用的坐标变换,即旋转,如图 3 − 7 所示。图 3 −7(a)所示为 (x,y) 绕 $(0,0)$ 顺时针旋转 $\alpha(>0)$ 的结果;图 3 −7(b)所示为 (x,y) 绕 $(0,0)$ 逆时针旋转 α 的结果。

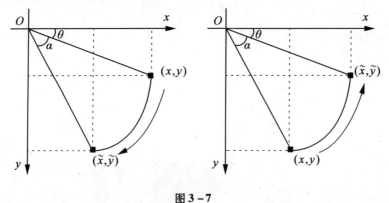

图 3 −7

OpenCV 中提供了用于旋转的函数,即

```
cv2.getRotationMatrix2D(cneter, angle, scale)
```

参数说明见表 3 −3。

表 3 − 3　旋转函数的参数含义

参数	解释
center	旋转的中心
angle	旋转的角度
scale	缩放系数

需要注意的是,等式右边的计算是从右向左进行的。以上解决的是已知坐标及其仿射变换矩阵,从而计算出变换后坐标的问题。下面反过来思考一个问题,如何通过已知坐标和经过某种仿射变换后的坐标,计算出它们之间的仿射变换矩阵?

3.4.4　图像几何变换的 Python 实现

1. 图像旋转实现

```
import cv2
import numpy as np
img = cv2.imread('cloud - small.jpg')
rows,cols = img.shape[:2]
# 第一个参数旋转中心,第二个参数旋转角度,第三个参数缩放比例, 生成一 2 * 3 的矩阵
matRotate = cv2.getRotationMatrix2D((cols/2,rows/2),125,1)
# 第三个参数:变换后的图像大小
img_tra1 = cv2.warpAffine(img,matRotate,(cols,rows))
imgs = np.hstack([img,img_tra1])
cv2.imshow('imgs', imgs)
cv2.waitKey(0)
cv2.destroyAllWindows()
```

运行结果如图 3 − 8 所示。

图 3 − 8

2. 图像缩放实现

```
import cv2
img = cv2.imread('cloud - small.jpg')
#None 是输出图像的尺寸大小,fx 和 fy 是缩放因子
res = cv2.resize(img,None,fx = 0.5,fy = 0.5,interpolation = cv2.
INTER_CUBIC)
#cv2.INTER_CUBIC 是插值方法,一般默认为 cv2.INTER_LINEAR
cv2.imshow('res',res)
cv2.imshow('img',img)
cv2.waitKey(0)
cv2.destroyAllWindows()
```

运行结果如图 3 - 9 所示。

3. 图像平移实现

```
import cv2
import numpy as np
img = cv2.imread('cloud - small.jpg')
# 构造移动矩阵 H
# 在 x 轴方向移动多少距离,在 y 轴方向移动多少距离
H = np.float32([[1, 0, -100], [0, 1, -100]])
hight, width = img.shape[:2]
res = cv2.warpAffine(img, H,(width, hight))
imgs = np.hstack([img,res])
cv2.imshow('imgs', imgs)
cv2.waitKey(0)
cv2.destroyAllWindows()
```

运行结果如图 3 - 10 所示。

图 3 - 9

图 3 - 10

思考与练习题

查询图像几何变换相关资料,阅读本节内容,回答以下问题。

一、简答题

1. 图像的几何变换主要包括哪些?
2. 简述图像缩放的基本原理。
3. 简述图像旋转的基本原理。
4. 简述图像平移的基本原理。

二、程序设计题

1. 对于图 3 – 11 所示图像,编写程序,实现对图像按输入比例进行放大和缩小,并显示原图像和缩放后图像的对比。

2. 对于图 3 – 12 所示图像,编写程序,实现对图像的缩放和平移,并显示原图像和缩放后图像的对比。

图 3 – 11

图 3 – 12

3. 对于图 3 – 12 所示图像,编写程序,实现对图像的旋转,按照输入角度对图像进行旋转,并显示原图像和旋转后图像的对比。

三、问答题

1. 若一幅图像的数据为

$$I = \begin{pmatrix} 1 & 3 & 3 & 2 & 2 \\ 2 & 3 & 3 & 4 & 4 \\ 2 & 2 & 3 & 3 & 4 \\ 2 & 2 & 2 & 4 & 3 \\ 2 & 3 & 3 & 3 & 3 \end{pmatrix}$$

设移动后图像区域放大处理,且填充 0。若水平和垂直平移,移动 $\Delta x = 2$,$\Delta y = 3$ 后的图像数据是什么?

2. 若一幅图像的数据为

$$I = \begin{pmatrix} 20 & 40 & 30 & 20 & 30 \\ 40 & 30 & 30 & 40 & 40 \\ 20 & 20 & 30 & 30 & 40 \\ 20 & 20 & 20 & 40 & 30 \\ 20 & 30 & 30 & 30 & 30 \end{pmatrix}$$

现在对其进行缩放,其中 $s_x = 0.8, s_y = 0.75$,写出缩小后的图像矩阵。

3. 若一幅图像的数据为

$$I = \begin{pmatrix} 10 & 40 & 70 \\ 20 & 50 & 80 \\ 30 & 60 & 90 \end{pmatrix}$$

则分别对其旋转 45°、60°、90° 后的图像数据是什么? 设旋转后图像区域放大,且填充 0。

3.5 对比度增强

尽管已经通过各种方法来采集高质量的图像,但是有些图像的质量还是不够,需要通过图像增强技术提高其质量。本节将要介绍的对比度增强或者称为对比度拉伸是图像增强技术的一种,主要解决由图像的灰度级范围较小造成的对比度较低的问题,目的就是将输出图像的灰度级放大到指定的程度,使得图像中的细节看起来更加清晰。对比度增强有几种常用的方法,如线性变换、分段线性变换、伽马变换、直方图正规化、直方图均衡化、局部自适应直方图均衡化等,这些方法的计算代价较小,但是却能产生较为理想的效果。

3.5.1 灰度直方图

在数字图像处理中,灰度直方图是一种计算量非常小又很有用的工具,它概括了一幅图像的灰度级信息。灰度直方图是图像灰度级的函数,用来描述每个灰度级在图像矩阵中的像素个数或者占有率。举一个简单的例子,假设有如下图像矩阵:

$$I = \begin{pmatrix} 10 & 15 & 55 & 145 \\ 15 & 10 & 10 & 55 \\ 1 & 12 & 10 & 145 \\ 90 & 180 & 0 & 125 \end{pmatrix}$$

可知灰度值 0 在 I 中出现的次数为 1,值 1 出现的次数为 1,值 10 出现的次数为 4,……,值 255 出现的次数为 0。然后将得到的每个数值按照直方图的可视化方式表示出来即可,横坐标代表灰度级,纵坐标代表对应的每一个灰度级出现的次数,如图 3 - 13 所示。

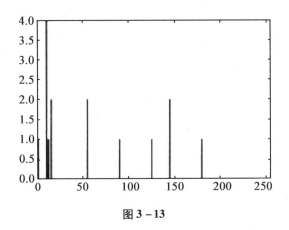

图 3 – 13

了解了灰度直方图的定义后,接下来介绍如何用 Python 对其进行实现。

```python
import numpy as np
import cv2
import matplotlib.pyplot as plt
# 定义函数返回图像灰度值出现的次数
def calGrayHist(image):
    r, c = image.shape  # 灰度图尺寸
    # 创建一个数组 grayHist,长度为255,用其序列表示灰度值
    grayHist = np.zeros([256], np.uint64)
    for i in range(r):
        for j in range(c):
            # 遍历所有元素,把其灰度值所代表的序列指向的数组 grayHist 累加
            grayHist[image[i][j]] += 1
    return grayHist
# 读取图片
image = cv2.imread(r'OIP - C.jpg', 0)
# 计算灰度直方图
grayHist = calGrayHist(image)
# 画出直方图
x_range = range(256)plt.plot(x_range, grayHist, 'r', linewidth = 2, c = 'black')
# 设置坐标轴范围
y_maxValue = np.max(grayHist)
plt.axis([0, 255, 0, y_maxValue])
```

```
# 设置坐标标签
plt.xlabel('graylevel')
plt.ylabel('number of pixels')
# 显示灰度直方图
plt.show()
```

函数 calGrayHist 返回值是一个一维的 ndarray,依次存放 0~255 之间每一个灰度级对应的像素的个数,可以利用 Python 的绘图工具包 Matplotlib 对 calcGrayHist 计算出的灰度直方图进行可视化展示,结果如图 3−14 所示。

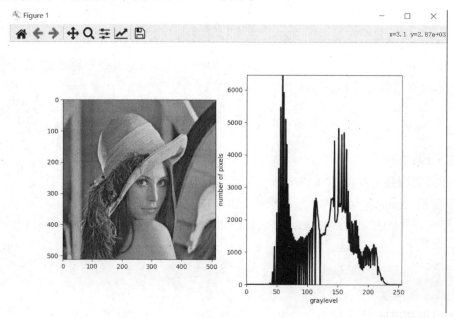

图 3−14

3.5.2 线性变换

1. 原理详解

假设输入图像为 I,宽为 W,高为 H,输出图像记为 O,图像的线性变换可以利用如下公式定义:

$$O(r,c) = a * I(r,c) + b, \quad 0 \leq r \leq H, 0 \leq c \leq W$$

当 $a=1,b=0$ 时,O 为 I 的一个副本;如果 $a>1$,则输出图像 O 的对比度比 I 有所增大;如果 $0<a<1$,则 O 的对比度比 I 有所减小。而 b 值的改变,影响的是输出图像的亮度,当 $b>0$ 时,亮度增加;当 $b<0$ 时,亮度减小。

例如,假设图像的灰度级范围是 $[50,100]$,通过 $a=2,b=0$ 的线性变换,可以将输出图像的灰度级拉伸到 $[100,200]$,灰度级范围有所增加,从而提高了对比度;而如果令 $a=$

$0.5, b = 0$,则输出图像的灰度级会压缩到[25,50],灰度级范围有所减小,则降低了对比度。下面介绍线性变换的代码实现,从处理图像的效果上可以更直观地理解线性变换的作用。

2. Python 实现

图像矩阵的线性变换无非就是一个常数乘一个矩阵,在 Numpy 中通过乘法运算符"$*$"可以实现,在实现代码中需要注意这个常数的数据类型会影响输出矩阵的数据类型。示例代码如下:

```python
import numpy as np
I = np.array([[0,200],[23,4]], np.uint8)
O = 2 * I
print(O)
```

结果为

```
[[0144]
[468]]
```

在上面代码中,输入的是一个 uint8 类型的 ndarray,用数字 2 乘该数组,返回的 ndarray 的数据类型是 uint8。注意第 0 行第 1 列,200 * 2 应该等于 400,但是 400 超出了 uint8 的数据范围,Numpy 是通过模运算归到 uint8 范围的,即 400%256 = 144,从而转换成 uint8 类型。如果将常数 2 改为 2.0,虽然这个常数只是整型和浮点型的区别,但是结果却不一样,改后结果为

```
[[0.400.]
[46.8.]]
```

可以发现返回的 ndarray 中的元素类型变成了 float 类型,就像上述的例子一样,常数的数据类型会导致返回的 ndarray 类型有所变化,当常数为 2(int 类型)时返回值为 144;而常数为 2.0(float 类型)时返回值为 400。在对 uint8 类型的数表示的灰度图进行对比度增强时,线性变换计算的数据会出现大于 255 的情况,此时需要将这些值固定在 255,而不是进行取模运算。故在线性变化时不能只进行简单的"$*$"运算。下面通过具体的代码图片实现对比度的增强,代码如下:

```python
import cv2
import numpy as np
import sys
import matplotlib.pyplot as plt
def liner_transformation(image, a):
    """
    :param image 原图像
    :param a 线性变换超参数
```

```
        :return 线性变换后的图像
        """
        image = float(a) * image
        image[image > 255] = 255
        # 数据类型转换
        image = np.round(image)       # 四舍五入
        image = image.astype(np.uint8)
        return image
    if __name__ == '__main__':   # 启动语句
        a = cv2.imread(r'01.jpg', cv2.IMREAD_UNCHANGED)   # 路径名不能
出现中文,否则会报错
        image1 = cv2.split(a)[0]      # 蓝
        image2 = cv2.split(a)[1]      # 绿
        image3 = cv2.split(a)[2]      # 红
        image1 = liner_transformation(image1, 2)
        image2 = liner_transformation(image2, 2)
        image3 = liner_transformation(image3, 1)
        merged = cv2.merge([image1, image2, image3])
        oi = cv2.imshow('original image', a)
        ci = cv2.imshow('contrast enhanced image', merged)
        cv2.waitKey(0)
        cv2.destroyAllWindows()
```

处理后效果如图 3 - 15 所示,左侧是原图,右侧是增强后的图像。

上述的线性变换中,在整个图像同一个通道中使用了同一个参数,有的时候需要对不同的灰度等级进行不同的线性变换,也就是常说的分段线性变换,通过降低较暗或者较亮区域的对比度,来增强灰度等级处于中间范围的对比度。或者降低中间灰度等级的对比度来增强较亮或较暗区域的对比度。对比度拉伸后可以更清晰地看到更多的细节。下面的程序实现了分段线性变换:

图 3 - 15

```python
import cv2
import numpy as np
import matplotlib.pyplot as plt
plt.rcParams['font.sans-serif'] = ['SimHei']
img = cv2.imread(r'01.jpg',0)
img = cv2.resize(img, None, fx = 0.3, fy = 0.3)
h, w = img.shape[:2]
out = np.zeros(img.shape, np.uint8)
for i in range(h):
    for j in range(w):
        pix = img[i][j]
        if pix < 50:
            out[i][j] = 3.2 * pix
        elif pix < 220:
            out[i][j] = 0.2 * pix
        else:
            out[i][j] = 1.7 * pix
# 数据类型转换
out = np.around(out)
out = out.astype(np.uint8)
plt.figure(figsize = (8, 7))
# 绘制原图的灰度直方图
hist = cv2.calcHist([img], [0], None, [256], [0, 255])
plt.subplot(2, 2, 2), plt.plot(hist, color = "r"), plt.title('(b)
图(a)的灰度直方图')
    # 展示原图
plt.subplot(2, 2, 1), plt.imshow(img, cmap ='gray'), plt.title('
(a)原图')
    # 展示分段线性变换后的图片
plt.subplot(2, 2, 3), plt.imshow(out, cmap ='gray'), plt.title('
(c)分段线性变换')
    # 绘制分段线性变化后的灰度直方图
hist1 = cv2.calcHist([out], [0], None, [256], [0, 255])
plt.subplot(2, 2, 4), plt.plot(hist1, color ='r'), plt.title('(d)
图(c)的灰度直方图')
    plt.show()
```

从图3－16(a)的灰度直方图(图3－16(b))可以看出,图像的灰度主要集中在[0,50]之间,可以通过以下分段线性变换将主要的灰度级拉伸到[0,130],结果如图3－16(c)所示,其灰度直方图如图3－16(d)所示。相比原图,对比度拉伸后显然能够更加清晰地看到更多的细节。

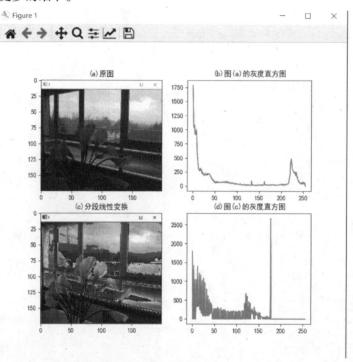

图 3 -16

线性变换的参数需要根据不同的应用场景以及图像自身的属性进行合理的选择,需要多次的测试和大量的时间,故选择最优的参数是很麻烦的,而直方图的正规化可以自动选择 a 和 b。接下来介绍这种方法。

3.5.3　伽马变换

1.原理详解

假设输入图像为 I,宽为 W,高为 H,首先将其灰度值归一化到[0,1]范围,对于8位图来说,除以255即可。$I(r,c)$ 代表归一化后的第 r 行、第 c 列的灰度值,输出图像记为 O,伽马变换的定义如下:

$$O(r,c) = I(c,r)\hat{}\gamma$$

式中,γ 为指数。

2. Python 实现

图像的伽马变换实质上是对图像矩阵中的每一个值进行幂运算,Numpy 提供的幂函

数 power 实现了该功能。示例代码如下:

```python
import numpy as np
import cv2
import matplotlib.pyplot as plt
def gamma_transformation(input_image, c, gamma):
    """
    :param input_image: 原图像
    :param c: 伽马变换超参数
    :param gamma: 伽马值
    :return: 伽马变换后的图像
    """
    input_image_cp = (input_image / 255)
    output_image = c * np.power(input_image_cp, gamma)
    return output_image
if __name__ == "__main__":  # 启动语句
    img = cv2.imread(r'D:\OpenCV_pictures\picture4.jpg', 1)
```

    # OpenCV 中的图像是以 BGR 的通道顺序存储的,但 Matplotlib 是以 RGB 模式显示的,所以直接在 Matplotlib 中显示 OpenCV 图像会出现问题,因此需要转换一下

```python
    img = img[:, :, ::-1]
    output_image1 = gamma_transformation(img, 1.5, 2)
    output_image2 = gamma_transformation(img, 1, 1)
    output_image3 = gamma_transformation(img, 1, 0.5)
    plt.figure(figsize = (8, 7))
    plt.subplot(2, 2, 1), plt.imshow(img), plt.title('original image')
    plt.subplot(2, 2, 2), plt.imshow(output_image1), plt.title('after when r = 2')
    plt.subplot(2, 2, 3), plt.imshow(output_image2), plt.title('after when r = 1')
    plt.subplot(2, 2, 4), plt.imshow(output_image3), plt.title('after when r = 0.5')
    plt.show()
```

变换效果如图 3 - 17 所示。

图 3－17

思考与练习题

查询图像增强相关资料,阅读本节内容,回答以下问题。

一、简答题

1. 什么是图像的灰度直方图?

2. 简述图像的线性变换的基本原理。

3. 什么是图像的伽马变换?

二、问答题

1. 设有一幅灰度图像,其图像数据如下所示,请画出其直方图。

$$f = \begin{pmatrix} 10 & 9 & 2 & 8 & 2 \\ 8 & 9 & 3 & 4 & 2 \\ 8 & 8 & 3 & 2 & 1 \\ 7 & 7 & 2 & 2 & 1 \\ 9 & 7 & 2 & 2 & 0 \end{pmatrix}$$

2. 设有一幅 3 位的灰度图像,其图像数据如下所示,请采用直方图均衡化对其进行处理,并写出详细的计算过程和最后的图像数据,绘制直方图。

2	3	5	4	7	7	6
2	4	6	3	7	6	6
2	3	6	7	7	5	5
3	4	6	7	4	4	5
4	5	5	6	6	5	5
1	2	3	5	6	2	2
1	3	2	5	6	2	2

3.设一幅4位的灰度图像的各像素数据如下,试采用线性变换对其进行处理实现图像增强。

3	2	5	4	7	7	6
4	6	4	5	7	6	6
3	3	7	7	6	5	5
2	4	6	7	5	4	4
1	5	5	6	15	5	
1	2	3	5	6	2	2
4	2	2	5	6	2	3

三、程序设计题

1.编写程序,对图3-18所示公园雪后树木的图像进行直方图均衡化,并显示对比处理前后效果。

2.图3-19所示为公园中小路图像,编写程序,绘制该图像的直方图。

图3-18

图3-19

3.试对图3-18编写程序,实现图像的伽马变换,并显示处理后效果。

3.6　图像平滑处理

图像的平滑处理也称为模糊处理,是一种使用频率很高的图像处理方法。平滑处理的用途有很多,最常用来减少图像上的噪声和失真,同时在降低图像分辨率时平滑处理也非常好用。

在图像产生、传输的过程中,其时常会被周围的噪声干扰从而出现数据的丢失,进而降低图像的质量。出现这种情况就需要对图像进行一定的增强处理以减小这些缺陷带来的影响,通常的处理方法就是图像滤波。图像滤波是指在尽量保留图像细节特征的情况下对原图像的噪声进行抑制处理,最终的处理效果直接影响到后续的图像处理和分析。这种消除噪声的过程称为图像的平滑化或滤波操作。

图像的平滑化是在不损坏图像的轮廓和边缘等重要信息的前提下,对图像进行处理,使图像清晰、视觉效果更好。图像平滑有均值滤波、中值滤波、高斯滤波、方框滤波、双边滤波等,下面将具体介绍高斯滤波和均值滤波。

3.6.1　高斯滤波

高斯滤波属于线性平滑滤波,它可以消除高斯噪声,大量用于图像处理的减噪过程。高斯滤波的原理是对整幅图像进行加权平均,每一个像素点的值,都由其本身和邻域内的其他像素值经过加权平均后得到。高斯滤波的具体操作是:用一个模板扫描图像中每个像素点,用模板确定的邻域内像素的加权平均灰度值去替代模板中心像素点的值。从数学的角度出发,图像的高斯模糊过程就是图像与正态分布做卷积。由于正态分布又叫作高斯分布,所以这项技术称为高斯模糊。从视觉效果看高斯模糊技术生成的图像,就像是经过一个半透明屏幕在观察图像,这与镜头焦外成像效果明显不同。高斯滤波器是一种根据高斯函数的形状来选择权值的线性平滑滤波器。高斯平滑滤波器对于抑制服从正态分布的噪声非常有效。

高斯模糊本质上是一种数据平滑技术,可以用于一维、二维以及多维空间。

高斯模糊处理会使数据趋向于周边邻近的其他数据,导致各个数据“趋同”。在图像领域,各个位置的像素值使用“周边邻居像素点加权平均”重新赋值。对于每个像素点,由于计算时均以当前像素点为中心,所以均值 $\mu = 0$。使用时有 2 个超参数需要设置:高斯核大小和高斯函数标准差 σ。高斯核大小表示“影响当前点的最大邻域范围”;而标准差表示“邻域中的其他像素点对当前点的影响力”。

从下而上观察图 3 - 20 所示各个函数图像,各个函数的均值相同,而方差逐步减小。方差是衡量数据分散程度的量,方差越大,数据越分散,图形就越扁平,数据的集中趋势越弱,应用到高斯模糊中为方差越大图形越模糊。

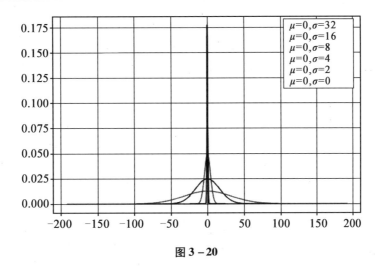

图 3-20

高斯模糊涉及以下 2 个关键技术点：

(1)如何计算高斯卷积核。3×3 大小的高斯卷积核的计算示意图如图 3-21 所示。

(-1,1)	(0,1)	(1,1)
(-1,0)	(0,0)	(1,0)
(-1,-1)	(0,-1)	(1,-1)

高斯卷积核 ⟹

a_1	a_2	a_3
a_4	a_5	a_6
a_7	a_8	a_8

归一化 ⟹

a_1/s	a_2/s	a_3/s
a_4/s	a_5/s	a_6/s
a_7/s	a_8/s	a_9/s

图 3-21

直接计算二维高斯函数值后，高斯卷积核的各个位置取值如图 3-22(a)所示，高斯卷积核归一化后的各个位置取值如图 3-22(b)所示。

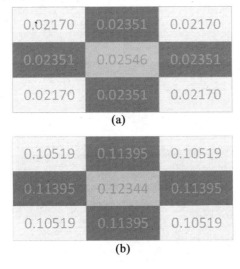

(a)

(b)

图 3-22

· 73 ·

(2)如何在二维图像上进行卷积。对于二维矩阵,卷积时卷积核从左向右、从上而下滑动,对应位置求加权和。一般图像是 RGB 三通道,需要求每个通道的卷积,每个通道是一个二维矩阵,而灰度图就一个通道,所以直接卷积即可。

1. Python 程序实现

利用 Python 构建高斯卷积算子,代码如下:

```python
def getGaussKernel(sigma, H, W):
    r, c = np.mgrid[0:H:1, 0:W:1]
    r -= (H - 1) /2
    c -= (W - 1) /2
    gaussMatrix = np.exp(0.5 * (np.power(r) + np.power(c)) /math.pow(sigma, 2))
    # 计算高斯矩阵的和
    sunGM = np.sum(gaussMatrix)
    # 归一化
    gaussKernel = gaussMatrix /sunGM
    return gaussKernel
```

下面通过 Python 代码来具体实现图像的高斯平滑:

```python
import cv2
import numpy as np
from scipy import signal
import math
#构建高斯卷积算子
def getGaussKernel(sigma, H, W):
    r, c = np.mgrid[0:H:1 ,0:W:1]
    r -= (H - 1) /2
    c -= (W - 1) /2
    gaussMatrix = np.exp(0.5 * (np.power(r) + np.power(c)) / math.pow(sigma, 2))
    # 计算高斯矩阵的和
    sunGM = np.sum(gaussMatrix)
    # 归一化
    gaussKernel = gaussMatrix /sunGM
    return gaussKernel
def gaussBlur(image,sigma,H,W,_boundary = 'fill', _fillvalue = 0):
#水平方向上的高斯卷积核
```

```
    gaussKenrnel_x = cv2.getGaussianKernel(sigma,W,cv2.CV_64F)
    #进行转置    gaussKenrnel_x = np.transpose(gaussKenrnel_x)
    #图像矩阵与水平方向上的高斯卷积核
    gaussBlur_x = signal.convolve2d(image,gaussKenrnel_x,mode
='same',boundary = _boundary,fillvalue = _fillvalue)
    #构建垂直方向上的高斯卷积核
    gaussKenrnel_y = cv2.getGaussianKernel(sigma,H,cv2.CV_64F)
    #图像与垂直方向上的高斯核卷积核
    gaussBlur_xy = signal.convolve2d(gaussBlur_x,gaussKenrnel
_y,mode ='same',boundary = _boundary,fillvalue = _fillvalue)
    return gaussBlur_xy
  if __name__ == "__main__":


   image = cv2.imread("IMG_1056188_small.jpg",cv2.IMREAD
_GRAYSCALE)
    #cv2.imshow("image",image)
    #高斯平滑
    blurImage = gaussBlur(image,5,400,400,'symm')
    #对 bIurImage 进行灰度级显示
    blurImage = np.round(blurImage)
    blurImage = blurImage.astype(np.uint8)
    imgs = np.hstack([image,blurImage])
    cv2.imshow('imgs',imgs)
    #cv2.imshow("GaussBlur",blurImage)
    cv2.waitKey(0)
    cv2.destroyAllWindows()
```

运行结果如图 3 - 23 所示。

图 3 - 23

注意这里用到 scipy 模块,如果机器上没有安装,需要安装一下,命令如下:

```
pip install scipy
```

2. 使用 OpenCV 方法进行处理

OpenCV 提供了 GaussianBlur 函数,可以直接对图像进行平滑处理。

```
cv2.GaussianBlur(src,ksize,sigmax,sigmay,borderType)
```

参数说明见表 3 - 4。

表 3 - 4　高斯模糊函数的参数含义

参数	解释
src	原图像
ksize	高斯卷积核大小
sigamx	x 轴方向上的高斯卷积核标准偏差
sigamy	y 轴方向上的高斯卷积核标准偏差
borderType	边界样式一般默认

Python 程序实现如下:

```
import cv2
import numpy as np
# 读取图片
img = cv2.imread("IMG_1056188_small.jpg",1)
# 高斯模糊 5x5
processed = cv2.GaussianBlur(img,(5,5),0)
#显示原图和处理后的图像
imgs = np.hstack([img,processed])
cv2.imshow('imgs', imgs)
cv2.waitKey(0)
cv2.destroyAllWindows()
```

运行结果如图 3 - 24 所示。

图 3 - 24

3.6.2　均值滤波

1. 原理

均值滤波(低通滤波)是典型的线性滤波算法,它是指在图像上对目标像素给一个模板,该模板包括了其周围的临近像素(以目标像素为中心的周围八个像素,构成一个滤波模板,即去掉目标像素本身),再用模板中的全体像素的平均值来代替原来的像素值。简单来说,图片中一个方块区域 $N \times M$ 内,中心点的像素为全部点像素值的平均值。均值滤波就是对整张图片进行以上操作。例如,图 3 − 25 中,中心灰点的像素值是周围像素的均值。

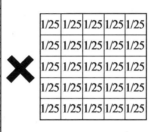 ✖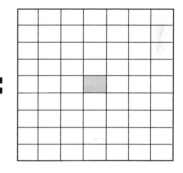

图 3 − 25

2. OpenCV 函数

OpenCV 提供了均值滤波函数 cv2. blur( ),语法格式如下:

```
cv2.blur(src, ksize, anchor, borderType)
```

但是其一般使用形式为

```
cv2.blur(src, ksize)
```

参数说明见表 3 − 5。

表 3 − 5　均值滤波函数的参数含义

参数	解释
src	原图像
ksize	卷积核大小
anchor	锚点默认(−1, −1)
borderType	边界样式

3. Python 程序实现

```
import cv2
import numpy as np
#读取图片
image = cv2.imread("IMG_1056188_small.jpg")
    #均值滤波   卷积核(6,6)
blur = cv2.blur(image,(6,6))
#处理图像
imgs = np.hstack([image,blur])
cv2.imshow('imgs', imgs)
cv2.waitKey(0)
cv2.destroyAllWindows()
```

运行结果如图 3 – 26 所示。

图 3 – 26

3.6.3   2D 卷积

前面已经介绍了通过 OpenCV 的多种滤波方式来达到平滑图像的效果,大多数滤波方式使用的卷积核都具有一定的灵活性,能够方便地设置卷积核的大小和数值。但是,有时还需要使用特定的卷积核实现卷积操作。自定义卷积核的卷积操作函数如下:

```
dst = cv2.filter2D(src, ddepth, kernal, anchor, delta, borderType)
```

参数说明见表 3 - 6。

表 3 - 6　自定义卷积核的卷积函数的参数含义

参数	解释
src	原图像
ddepth	输出图像的深度
kernel	卷积核大小
anchor	锚点默认(- 1, - 1)
deta	修正值(可选项)
biorderType	边界样式(默认值即可)

Python 实现如下:

```
import cv2
import numpy as np
img = cv2.imread('IMG_1056188_small.jpg')
kernel = np.ones((9,9), np.float32)/81
#2D 卷积
r = cv2.filter2D(img, -2,kernel)
#显示图片
imgs = np.hstack([img,r])
cv2.imshow('imgs', imgs)
cv2.waitKey(0)
cv2.destroyAllWindows()
```

运行结果如图 3 - 27 所示。

图 3 - 27

思考与练习题

查询图像平滑相关资料,阅读本节内容,回答以下问题。

一、简答题

1. 一般什么时候需要对图像进行平滑处理?

2. 什么是均值滤波? 简述其基本原理。

3. 什么是中值滤波? 简述其基本原理。

4. 常见的图像平滑基本方法包括哪些? 这些方法各有什么特点?

5. 简述高斯滤波器的原理,它有什么主要特性?

二、问答题

1. 若一幅图像的数据为

$$I = \begin{pmatrix} 1 & 3 & 3 & 2 & 2 \\ 2 & 3 & 3 & 4 & 4 \\ 2 & 2 & 3 & 3 & 4 \\ 2 & 2 & 2 & 4 & 3 \\ 2 & 3 & 3 & 3 & 3 \end{pmatrix}$$

则采用 3×3 均值滤波,对其处理(假设不包含边界)后的图像数据是什么?

2. 若一幅图像的数据为

$$I = \begin{pmatrix} 4 & 3 & 7 & 2 & 5 \\ 2 & 3 & 3 & 4 & 4 \\ 6 & 2 & 5 & 3 & 4 \\ 2 & 2 & 2 & 4 & 3 \\ 2 & 8 & 3 & 3 & 8 \end{pmatrix}$$

则采用 3×3 中值滤波,对其处理(假设不包含边界)后的图像数据是什么?

三、程序设计题

1. 对于图 3-28 所示图像,编写程序,添加噪声,并对添加噪声后的图像进行高斯平滑滤波,显示对比处理前后效果。

2. 对于图 3-29 所示图像,编写程序,添加噪声,并对添加噪声后的图像进均值滤波,显示对比处理前后效果。

3. 对于图 3-28 所示图像,编写程序,添加噪声。对添加噪声后的图像进行中值滤波处理,并显示对比处理前后效果;对添加噪声后的图像进均值滤波处理,并显示对比处理前后效果。对比中值滤波与均值滤波两种方法的效果,说明两种方法的不同。

图 3 - 28

图 3 - 29

3.7　图像的阈值分割

3.7.1　阈值分割简介

当人观察景物时,在视觉系统中对景物进行分割的过程是必不可少的,这个过程非常有效,以至于人们所看到的并不是复杂的景象,而是一些物体的集合体。该过程用数字图像处理描述,就是把图像分成若干个特定的、具有独特性质的区域,每一个区域代表一个像素的集合,每一个集合又代表一个物体,而完成该过程的技术通常称为图像分割,它是从图像处理到图像分析的关键步骤。现有的图像分割方法主要分为以下几类:基于阈值、基于区域、基于边缘、基于聚类以及基于特定理论等的分割方法。本节主要围绕阈值分割技术展开,它是一种基于区域的、简单地通过灰度值信息提取形状的技术,因其实现简单、计算量小、性能稳定而成为图像分割中最基本和应用最广泛的分割技术。往往阈值分割后的输出图像只有两种灰度值:255 和 0,所以阈值分割处理又常称为图像的二值化处理。阈值分割处理过程可以看作眼睛从背景中分离出前景的过程,如图 3 - 30 所示。

阈值分割处理主要是根据灰度值信息提取前景,所以对前景物体与背景有较强对比度的图像的分割特别有用。对对比度很弱的图像进行阈值分割时,需要先进行图像的对比度增强,然后再进行阈值处理。下面介绍两种常用的阈值分割技术:全局阈值分割和局部阈值分割。

(a)原图   (b)二值化后

图 3 - 30

3.7.2 全局阈值分割

1. 基本概念

全局阈值分割指的是将灰度值大于 thresh(阈值)的像素设为白色,小于或者等于 thresh 的像素设为黑色;或者反过来,将大于 thresh 的像素设为黑色,小于或者等于 thresh 的像素设为白色。两者的区别只是呈现形式不同。

假设输入图像为 I,高为 H,宽为 W,$I(r,c)$ 代表 I 的第 r 行第 c 列的灰度值,全局阈值分割处理后的输出图像为 O,$O(r,c)$ 代表 O 的第 r 行第 c 列的灰度值,则

$$O(r,c) = \begin{cases} 255, & I(r,c) > \text{thresh} \\ 0, & I(r,c) \leqslant \text{thresh} \end{cases} \quad \text{或者} \quad O(r,c) = \begin{cases} 0, & I(r,c) > \text{thresh} \\ 255, & I(r,c) \leqslant \text{thresh} \end{cases}$$

示例:以 150 为阈值对图像矩阵进行阈值分割,有

$$\begin{pmatrix} 123 & 220 & 70 \\ 31 & 50 & 18 \\ 47 & 100 & 220 \end{pmatrix} \Rightarrow \begin{pmatrix} 0 & 255 & 0 \\ 0 & 0 & 0 \\ 0 & 0 & 255 \end{pmatrix}$$

2. Python 实现

对于全局阈值分割,OpenCV 提供了函数 threshold(src, thresh, maxval, type, dst = None)来实现此功能,OpenCV 3. X 在 2. X 版本的基础上增加了一个新特性,稍后再讨论。该函数的参数解释见表 3 - 7。

表 3 - 7   全局阈值分割函数的参数含义

参数	解释
src	单通道矩阵,数据类型为 CV_8U 或者 CV_32F
dst	输出矩阵,即阈值分割后的矩阵
thresh	阈值
maxval	在图像二值化显示时,设置为 255
type	类型,可以查看下边的枚举类型 Threshhold Type,其中 THRESH_TRIANGLE 是 OpenCV3. X 新增的特性

示例代码如下：

```
import cv2
import matplotlib.pyplot as plt
img = cv2.imread(r'IMG_1056188_small.jpg')
gray = cv2.cvtColor(img, cv2.COLOR_BGR2GRAY)
ret,thresh1 = cv2.threshold(gray, 127, 255, cv2.THRESH_BINARY)
ret,thresh2 = cv2.threshold(gray, 127, 255, cv2.THRESH_BINARY_INV)
ret,thresh3 = cv2.threshold(gray, 127, 255, cv2.THRESH_TRUNC)
ret,thresh4 = cv2.threshold(gray, 127, 255, cv2.THRESH_TOZERO)
ret,thresh5 = cv2.threshold(gray, 127, 255, cv2.THRESH_TOZERO_INV)
titles = ['img', 'BINARY', 'BINARY_INV', 'TRUNC', 'TOZERO', 'TOZERO_INV']
images = [img, thresh1, thresh2, thresh3, thresh4, thresh5]
for i in range(6):
    plt.subplot(2, 3, i+1)
    plt.imshow(images[i], 'gray')
    plt.title(titles[i])
    plt.xticks([])
    plt.yticks([])
plt.show()
```

处理结果如图3-31所示。

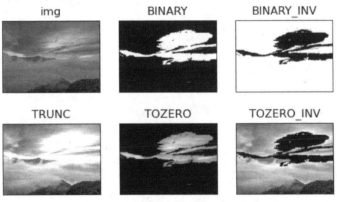

图3-31

OpenCV 3.X中的THRESH_TRIANGLE和直方图技术法是类似的，对灰度直方图具有双峰的图像进行阈值分割的效果比较好。需要注意的是，在求两个峰值之间的波谷

时,需要判断第二个峰值是在第一个峰值的左侧还是右侧。示例代码如下:

```python
import numpy as np
import cv2
import matplotlib.pyplot as plt
def thresh_Two_Peaks(image):
    # 计算灰度直方图
    histogram = cv2.calcHist([image], [0], None, [256], [0, 256])
    # 找到灰度直方图的最大峰对应的额灰度值
    maxLoc = np.where(histogram == np.max(histogram))
    firstPeak = maxLoc[0][0]
    # 寻找灰度直方图的第二个峰值对应的灰度值
    measureDists = np.zeros([256], np.float32)
    for k in range(256):
        measureDists[k] = pow(k-firstPeak,2) * histogram[k]
    maxLoc2 = np.where(measureDists == np.max(measureDists))
    secondPeak = maxLoc2[0][0]
    # 寻找两个峰值之间的最小值对应的灰度值,作为阈值
    thresh = 0
    if firstPeak > secondPeak: # 第一个峰值在第二个峰值的右侧
        temp = histogram[int(secondPeak):int(firstPeak)]
        minLoc = np.where(temp == np.min(temp))
        thresh = secondPeak + minLoc[0][0] + 1
    else: # 第一个峰值在第二个峰值的左侧
        temp = histogram[int(firstPeak):int(secondPeak)]
        minLoc = np.where(temp == np.min(temp))
        thresh = secondPeak + minLoc[0][0] + 1
    # 找到阈值后进行阈值处理,得到二值图
    threshImage_out = image.copy()
    threshImage_out[threshImage_out > thresh] = 255
    threshImage_out[threshImage_out <= thresh] = 0
    return thresh, threshImage_out
img = cv2.imread(r'picture4.jpg', 0)
threshImage_out = thresh_Two_Peaks(img)[1]
```

```
# 修改显示窗口的大小
cv2.namedWindow("img", 0)
cv2.resizeWindow("img", 300, 300)
cv2.imshow('img', img)
cv2.namedWindow("out", 0)
cv2.resizeWindow("out", 300, 300)
cv2.imshow('out', threshImage_out)
cv2.waitKey(0)
cv2.destroyAllWindows()
```

结果如图 3 - 32 所示,可以看出这种方法对图像的要求比较高,很多图像的直方图并不满足双峰的分布。

图 3 - 32

还可以使用迭代法进行阈值分割,迭代法就是将固定阈值分割时手动给定的阈值通过迭代运算得到新的分割阈值,可以使用的范围更广一些,其本质还是固定的全局阈值变换。迭代法阈值分割有以下步骤:

(1)计算图像的最大、最小灰度值,分别记为 Z_{MAX}、Z_{MIN},令初始的阈值为 $T_0 = (Z_{MAX} + Z_{MIN})/2$。

(2)根据阈值 T_k 将图像分割为前景和背景,分别求出前景和背景的平均灰度值 Z_0 和 Z_b。

(3)令新的阈值为 $T_{k+1} = (Z_0 + Z_b)/2$。

(4)若 $T_k = T_{k+1}$,则 T_k 即为所求的阈值,如果不相等则返回步骤(2)继续迭代。

(5)使用 T_k 进行阈值分割。

具体代码如下:

```python
import cv2
import numpy as np
import matplotlib.pyplot as plt
import matplotlib.cm as cm
def best_thresh(img):
    # step1 设置初始阈值
    img_array = np.array(img).astype(np.float32)
    I = img_array
    Zmax = np.max(I)
    Zmin = np.min(I)
    tk = (Zmax + Zmin) /2
    # step2 根据阈值将图像分割为前景和背景,分别求出其灰度值的平均值
    b = 1
    m, n = I.shape
    while b == 0:
        ifg = 0
        ibg = 0
        fnum = 0
        bnum = 0
        for i in(m):
            for j in(n):
                tmp = I(i, j)
                if tmp >= tk:
                    ifg += 1
                    fnum = fnum + int(tmp)
                else:
                    ibg += 1
                    bnum = bnum + int(tmp)
        zo = int(fnum /ifg)
        zb = int(bnum /ibg)
        if tk == int((zo + zb) /2):
            b = 0
        else:
            tk = int((zo + zb) /2)
    return tk
```

```
img = cv2.imread(r'3.jpg', 0)
thresh = best_thresh(img)
ret, th1 = cv2.threshold(img, thresh, 255, cv2.THRESH_BINARY)
cv2.namedWindow("img", 0)
cv2.resizeWindow("img", 550, 400)
cv2.imshow('img', img)
cv2.namedWindow("out", 0)
cv2.resizeWindow("out", 550, 400)
cv2.imshow('out', th1)
cv2.waitKey(0)
cv2.destroyAllWindows()
```

结果如图 3-33 所示。

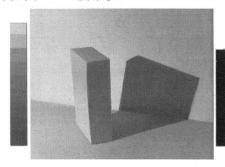

图 3-33

3.7.3 局部阈值分割

1. 基本概念

在比较理想的情况下,对整个图像使用单个阈值进行阈值化才会成功。而在许多情况下,如受光照不均等因素影响,全局阈值分割往往效果不是很理想,在这种情况下,使用局部阈值(又称自适应阈值)分割可以产生好的结果。自适应阈值分割的原理就是将图像分成很多个小块(region),对每个小块单独进行阈值分割,这样就可以忽略光照不均等因素的影响,如图片中的某一块区域亮或者某一块区域暗。由于这种方法是单独计算这一块区域的合理阈值来进行分割,而不是用上面提到的全局固定阈值,因此亮的区域所对应的阈值较大,暗的区域所对应的阈值较小,从而达到更好的效果。

2. Python 实现

OpenCV 中提供了自适应阈值分割的函数,为

```
cv2.adaptiveThreshold(src, maxValue, adaptiveMethod, thresholdType, blockSize, C[, dst])
```

该函数的参数解释见表3-8。

表3-8　自适应阈值分割函数的参数含义

参数	解释
src	输入的图像,只能是单通道的灰度图像
maxValue	最大阈值,小块计算的阈值不能超过这个值,一般设置为255
adaptiveMethod	计算小块阈值的方法,包括 cv2. ADAPTIVE_THRESH_MEAN_C 和 cv. ADAPTIVE_THRESH_GAUSSIAN_C,即求小块内的均值或高斯加权求和
thresholdType	阈值方法,这里只能是 THRESH_BINARY 或 THRESH_BINARY_INV
blockSize	小块的尺寸,如11就是 11×11
C	一个常数,最终阈值等于小区域计算出的阈值再减去这个常数

下边的程序对比了固定阈值分割和自适应阈值分割的效果,结果如图3-34所示。从结果中可以看出自适应分割的效果远好于固定阈值分割,而且通过对 adaptiveMethod 参数的选择可以看出,自适应高斯阈值分割可以获得更好的效果,其噪声点更少。

```
import cv2
import matplotlib.pyplot as plt
img = cv2.imread(r'picture8.jpg', 0)
# 固定阈值
ret, th1 = cv2.threshold(img, 127, 255, cv2.THRESH_BINARY)
# 自适应阈值
th2 = cv2.adaptiveThreshold(img, 255, cv2.ADAPTIVE_THRESH_MEAN_C, cv2.THRESH_BINARY, 11, 4)
th3 = cv2.adaptiveThreshold(img, 255, cv2.ADAPTIVE_THRESH_GAUSSIAN_C, cv2.THRESH_BINARY, 11, 1.5)
titles = ['Original', 'Gloabal(v =127)', 'Adaptive Mean', 'Adaptive Gaussian']
images = [img, th1, th2, th3]
for i in range(4):
    plt.subplot(2, 2, i +1), plt.imshow(images[i], 'gray')
    plt.title(titles[i], fontsize =8)
    plt.xticks([]), plt.yticks([])
plt.show()
```

(a)原始图像

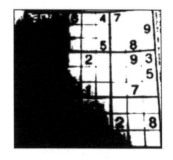

(b)全局阈值分割

(c)自适应高斯阈值分割

(d)自适应阈值分割

图 3 – 34

思考与练习题

一、简答题

1.什么是图像分割？图像分割有什么用处？

2.在图像阈值分割中如何选择合适的阈值？

3.图像阈值分割基本方法包括哪些？这些分割方法各有什么特点？

二、程序设计题

1.对于图 3 – 35 所示图像,编写程序,采用全局阈值分割法对图像进行阈值分割,并显示对比处理前后效果。

2.对于图 3 – 36 所示图像,试编写 Python 程序采用局部阈值分割法对图像进行阈值分割,并显示对比处理前后效果。

图 3 – 35　　　　　　　　　　　图 3 – 36

3.8　图像边缘检测

3.8.1　基础讲解

边缘检测是计算机视觉与图像处理中极为重要的一种分析图像的方法,边缘检测的目的就是找到图像中灰度值发生剧烈变化的像素点构成的集合,表现出来往往就是轮廓。能够准确地测量和定位边缘之后,就可以定位物体的实际位置,测量物体的实际大小。在实际的图像处理中,以下几种情况会导致图像中形成边缘:①深度的不连续,即物体处于不同的平面;②表面的方向不连续,例如立方体的不同的两个面;③物体的材料不同,物体的材料不同会导致反光系数不同;④环境中的光照发生变化,例如被影子遮盖住的物体。

边缘检测的目标就是绘制一个线性轮廓,这样做不会对图像的原始内容造成损坏。在图像形成过程中,亮度、纹理、颜色、阴影等物理因素的不同会导致图像灰度值发生突变,从而形成边缘。边缘是通过检查每个像素的邻域并对其灰度变化进行量化的,为了能够准确地找到图像中的边缘,检测灰度值的变化可以使用一阶导数和二阶导数来实现。

3.8.2　梯度

1. 图像梯度

要在图像 I 的 (x,y) 的位置找到边缘的强度和方向,就需要用到梯度这一数学工具。梯度用 ∇I 表示,用向量来定义,定义如下:

$$\nabla I = \mathrm{grad}(I) = \begin{pmatrix} g_x \\ g_y \end{pmatrix} = \begin{pmatrix} \dfrac{\delta I}{\delta x} \\ \dfrac{\delta I}{\delta y} \end{pmatrix}$$

式中,梯度 ∇I 是一个向量,其方向为在位置 (x,y) 处最大变化率的方向,其大小为 $M(x,y)$, $M(x,y) = \mathrm{mag}(\nabla I) = \sqrt{g_x^2 + g_y^2}$。

2. 梯度算子

要计算一幅图像的梯度,首先要计算图像每个像素点处的偏导数,由于处理的是数字量,所以要求每个像素点的邻域上的偏导数的数字近似。图像 I 在 (x,y) 处 x、y 反向上的导数 g_x、g_y 分别表示为

$$g_x = \frac{\delta f(x,y)}{\delta x} = f(x+1,y) - f(x,y)$$

$$g_y = \frac{\delta f(x,y)}{\delta y} = f(x,y+1) - f(x,y)$$

边缘检测大多数是通过基于方向导数掩码(梯度方向导数)求卷积的方法。由于不同的滤波器模板得到的梯度值会有所变化,因此衍生出不同的算子,如 Roberts、Prewitt、Sobel 和 Laplacian 算子等。

3.8.3 Roberts 算子

1. 原理详解

Roberts 算子又称交叉微分算法,是一种最简单的算子,也是一种利用局部差分算子寻找边缘的算子。补充一个 2×2 的模板,如下所示:

$$\mathrm{d}x = \begin{pmatrix} -1 & 0 \\ 0 & 1 \end{pmatrix}$$

$$\mathrm{d}y = \begin{pmatrix} 0 & -1 \\ 1 & 0 \end{pmatrix}$$

它采用对角线方向相邻两像素之差近似梯度幅值检测边缘。检测垂直边缘的效果好于斜向边缘,定位精度高,但是对噪声敏感,无法抑制噪声的影响。Roberts 边缘检测算子是一种利用局部差分算子寻找边缘的算子,经 Robert 算子处理后的图像边缘不是很平滑。由于 Robert 算子通常会在图像边缘附近的区域内产生较宽的响应,故采用上述算子检测的边缘图像常需做细化处理,边缘定位的精度不是很高。因此 Robert 算子常用来处理有陡峭的低噪声图像。

将 Robert 算子与原始图像进行卷积运算,可以计算水平与垂直方向上的像素变化情况。例如:

$$Gx = \begin{pmatrix} -1 & 0 \\ 0 & 1 \end{pmatrix} \times \begin{pmatrix} P1 & P2 \\ P3 & P4 \end{pmatrix}$$

$$Gy = \begin{pmatrix} 0 & -1 \\ 1 & 0 \end{pmatrix} \times \begin{pmatrix} P1 & P2 \\ P3 & P4 \end{pmatrix}$$

计算像素点 $P1$ 处的水平方向偏导数 $P1_x$ 和垂直方向偏导数 $P1_y$,需要用到 Robert 算

子和 $P1$ 的邻域点,公式为

$$P1_x = P4 - P1, \quad P1_y = P3 - P2$$

2. Python 代码实现

Roberts 算子主要通过 OpenCV 中的 filter2D( )这个函数实现,这个函数的主要功能是通过卷积核实现对图像的卷积运算,代码为

```
def filter2D(src, ddepth, kernel, dst = None, anchor = None, delta = None, borderType = None)
```

其中,src 为输入图像;ddepth 为目标图像所需的深度;kernel 为卷积核,是一个单通道浮点型矩阵。

```
import cv2
import numpy as np
import matplotlib.pyplot as plt
img = cv2.imread(r'picture4.jpg', cv2.COLOR_BGR2GRAY)
rgb_img = cv2.cvtColor(img, cv2.COLOR_BGR2RGB)
grayImage = cv2.cvtColor(img, cv2.COLOR_BGR2GRAY)
# Roberts算子
kernelx = np.array([[ -1, 0], [0, 1]], dtype = int)
kernely = np.array([[0, -1], [1, 0]], dtype = int)
x = cv2.filter2D(grayImage, cv2.CV_16S, kernelx)
y = cv2.filter2D(grayImage, cv2.CV_16S, kernely)
# 转 uint8,图像融合
absX = cv2.convertScaleAbs(x)
absY = cv2.convertScaleAbs(y)
Roberts = cv2.addWeighted(absX, 0.5, absY, 0.5, 0)
# 用来正常显示中文标签
plt.rcParams['font.sans - serif'] = ['SimHei']
# 显示图形
titles = ['原始图像', 'Roberts 算子']
images = [rgb_img, Roberts]
for i in range(2):
    plt.subplot(1, 2, i + 1), plt.imshow(images[i], 'gray')
    plt.title(titles[i])
    plt.xticks([]), plt.yticks([])
plt.show()
```

最终结果如图 3 - 37 所示。

原始图像 Roberts算子

图 3 - 37

3.8.4 Prewitt 算子

1.原理详解

Prewitt 算子是一种一阶微分算子的边缘检测,利用像素点上下、左右邻点的灰度差在边缘处达到极值检测边缘,去掉部分伪边缘,对噪声具有平滑作用。

由于 Prewitt 算子采用 3×3 模板对区域内的像素值进行计算,而 Robert 算子的模板为 2×2,故 Prewitt 算子的边缘检测结果在水平方向和垂直方向均比 Robert 算子更加明显。Prewitt 算子适合用来识别噪声较多、灰度渐变的图像。Prewitt 算子的模板如下:

$$dx = \begin{pmatrix} -1 & -1 & -1 \\ 0 & 0 & 0 \\ 1 & 1 & 1 \end{pmatrix}$$

$$dy = \begin{pmatrix} -1 & 0 & 1 \\ -1 & 0 & 1 \\ -1 & 0 & 1 \end{pmatrix}$$

下面给出像素点 $P5$ 处 x 和 y 方向上的梯度值,即

$$\begin{pmatrix} P1 & P2 & P3 \\ P4 & P5 & P6 \\ P7 & P8 & P9 \end{pmatrix}$$

$$P5_x = (P7 + P8 + P9) - (P1 + P2 + P3), \quad P5_y = (P3 + P6 + P9) - (P1 + P4 + P7)$$

2. Python 代码实现

在 Python 中,Prewitt 算子的实现过程与 Roberts 算子比较相似。通过 Numpy 定义模板,再调用 OpenCV 的 filter2D( ) 函数实现对图像的卷积运算,最终通过 convertScaleAbs( ) 和 addWeighted( ) 函数实现边缘提取。filter2D( ) 函数用法如下所示:

```
import numpy as np
import cv2
import matplotlib.pyplot as plt
```

```
# 读取图像
img = cv2.imread(r'picture4.jpg', cv2.COLOR_BGR2GRAY)
rgb_img = cv2.cvtColor(img, cv2.COLOR_BGR2RGB)
# 灰度化处理图像
grayimage = cv2.cvtColor(img, cv2.COLOR_BGR2GRAY)
# Prewitt 算子
kernelx = np.array([[1, 1, 1], [0, 0, 0], [-1, -1, -1]], dtype=int)
kernely = np.array([[-1, 0, 1], [-1, 0, 1], [-1, 0, 1]], dtype=int)
x = cv2.filter2D(grayimage, cv2.CV_16S, kernelx)
y = cv2.filter2D(grayimage, cv2.CV_16S, kernely)
# 转 uint8 图像融合
absX = cv2.convertScaleAbs(x)
absY = cv2.convertScaleAbs(y)
Prewitt = cv2.addWeighted(absX, 0.5, absY, 0.5, 0)
# 用来正常显示中文标签
plt.rcParams['font.sans-serif'] = ['SimHei']
# 显示图形
titles = ['原始图像', 'Prewitt 算子']
images = [rgb_img, Prewitt]
for i in range(2):
    plt.subplot(1, 2, i + 1), plt.imshow(images[i], 'gray')
    plt.title(titles[i])
    plt.xticks([]), plt.yticks([])
plt.show()
```

结果如图 3-38 所示。

图 3-38

由图 3-38 可以看出,Prewitt 算子的边缘检测结果在水平方向和垂直方向均比 Robert 算子更加明显。

3.8.5　Sobel 算子

1. 原理详解

Sobel 算子是一种用于边缘检测的离散微分算子,该算子结合了高斯平滑和微分求导运算。Sobel 算子用于计算图像明暗程度近似值,根据图像边缘旁边明暗程度把该区域内超过某个数的特定点记为边缘。Sobel 算子在 Prewitt 算子的基础上增加了权重的概念,认为相邻点的距离远近对当前像素点的影响是不同的,距离越近的像素点对当前像素的影响越大,从而实现图像锐化并突出边缘轮廓。

Sobel 算子根据像素点上下、左右邻点灰度加权差在边缘处达到极值这一现象检测边缘,对噪声具有平滑作用,提供较为精确的边缘方向信息。因为 Sobel 算子结合了高斯平滑和微分求导(分化),因此结果会具有更多的抗噪性,当对精度要求不是很高时,Sobel 算子是一种较为常用的边缘检测方法。

Sobel 算子的边缘定位更准确,常用于噪声较多、灰度渐变的图像,其算法模板如下所示:

$$dx = \begin{pmatrix} -1 & 0 & 1 \\ -2 & 0 & 2 \\ -1 & 0 & 1 \end{pmatrix}$$

$$dy = \begin{pmatrix} -1 & -2 & -1 \\ 0 & 0 & 0 \\ 1 & 2 & 1 \end{pmatrix}$$

其中,dx 表示水平方向;dy 表示垂直方向。下面给出像素点 $P5$ 处 x 和 y 方向上的梯度值,即

$$\begin{pmatrix} P1 & P2 & P3 \\ P4 & P5 & P6 \\ P7 & P8 & P9 \end{pmatrix}$$

$$P5_x = (P3 + 2P6 + P9) - (P1 + 2P4 + P7), \quad P5_y = (P7 + 2P8 + P9) - (P1 + 2P2 + P3)$$

2. Python 代码实现

```python
import cv2
import matplotlib.pyplot as plt
import numpy as np
# 读取数据
img = cv2.imread(r'picture4.jpg')
img_RGB = cv2.cvtColor(img, cv2.COLOR_BGR2RGB)
# 灰度化处理图像
grayImage = cv2.cvtColor(img, cv2.COLOR_BGR2GRAY)
```

```
# Soble 算子
x = cv2.Sobel(grayImage, cv2.CV_16S, 1, 0)  # 对 x 求一阶导数
y = cv2.Sobel(grayImage, cv2.CV_16S, 0, 1)  # 对 y 求一阶导数
abxX = cv2.convertScaleAbs(x)
absY = cv2.convertScaleAbs(y)
Soble = cv2.addWeighted(abxX, 0.5, absY, 0.5, 0)
# 用来正常显示中文标签
plt.rcParams['font.sans-serif'] = ['SimHei']
# 显示图形
plt.subplot(121), plt.imshow(img_RGB), plt.title('原始图像')
plt.subplot(122), plt.imshow(Soble, cmap=plt.cm.gray), plt.title('Sbole 算子')
plt.show()
```

得到的结果如图 3-39 所示。

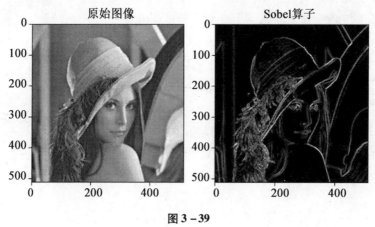

图 3-39

3.8.6 Laplacian 算子

1. 原理详解

拉普拉斯(Laplacian)算子也是边缘检测的方法之一,它和前面提到的几种算子一样都是工程数学中常用的积分变换。Laplacian 算子是 n 维欧几里得空间中的一个二阶微分算子,定义为梯度的散度,具有旋转不变性,常用在图像增强领域边缘提取,Laplacian 算子是通过灰度差分计算邻域内的像素。算法基本流程如下:

(1)判断图像中心点的灰度值与其周围点的灰度值,如果中心点的灰度值大于周围点的灰度值,那么提升中心点的灰度;相反则降低中心点的灰度值,从而实现图像锐化的操作。

(2)在算法的实现过程中,Laplacian 算子通过对中心点邻域的四方向或者八方向求梯度,然后将梯度相加起来判断中心点的灰度与邻域内其他点的灰度的关系。

（3）最后通过结果对每个点的灰度进行调整。

Laplacian 算子分为四邻域和八邻域，四邻域就是对中心点领域的四个方向求梯度，八邻域就是对中心点邻域的八个方向求梯度。两个模板如下：

$$H_4 = \begin{pmatrix} 0 & -1 & 0 \\ -1 & 4 & -1 \\ 0 & -1 & 0 \end{pmatrix}, \quad H_8 = \begin{pmatrix} -1 & -1 & -1 \\ -1 & 8 & -1 \\ -1 & -1 & -1 \end{pmatrix}$$

通过上述模板不难发现，若邻域的灰度值相同，模板的卷积运算结果为0；当中心点的灰度值大于其他点的灰度平均值时，模板的卷积运算结果为正；当中心点的灰度值小于其他点的灰度平均值时，结果为负。对卷积运算的结果运用适当的衰弱因子，然后加到中心点的灰度值上，就实现了图像的锐化处理。

2. Python 代码实现

```
import cv2
import numpy as np
import  matplotlib.pyplot as plt
# 读取图像
img = cv2.imread(r"picture4.jpg", 1)
img_RGB = cv2.cvtColor(img, cv2.COLOR_BGR2RGB)
grayImage = cv2.cvtColor(img, cv2.COLOR_BGR2GRAY)
# 拉普拉斯算法
dst = cv2.Laplacian(grayImage, cv2.CV_16S, ksize = 3)
Laplacian = cv2.convertScaleAbs(dst)
# 显示中文标签
plt.rcParams['font.sans - serif'] = ['SimHei']
plt.subplot(121), plt.imshow(img_RGB), plt.title('原图像')
plt.subplot(122), plt.imshow(Laplacian,  cmap = plt.cm.gray),
plt.title('Laplacian 算子')
plt.show()
```

运行结果如图 3 – 40 所示。

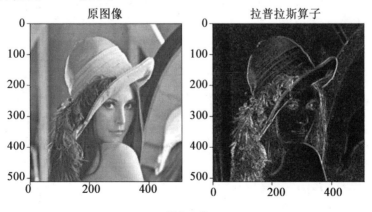

图 3 – 40

将上述四种算子处理的图像进行对比,可以发现 Robert 算子对陡峭的低噪图像处理效果较好,特别是边缘 ±45°比较多的图像,但是定位准确率比较低。Prewitt 算子对灰度渐变的图像进行边缘提取的效果比较好,但是没有考虑邻域内相邻点的距离对目标点的影响。Sobel 算子考虑了综合因素,对邻域内相邻点的距离对目标点的影响增加了不同的权重,对噪声比较多的图像进行边缘提取的效果更好。Sobel 算子虽然边缘定位效果不错,但检测出的边缘容易出现多像素宽度。Laplacian 算子根据边缘方向的二阶微分算子,当图像中边缘的灰度值出现跳跃时,此算法可以精确地定位,并且 Laplacian 算子对噪声是非常敏感的,会让噪声的成分加强。这两个特性会让经过 Laplacian 算子处理后的图像丢失一部分的边缘信息,可能会出现一些不连续的边缘。

思考与练习题

一、简答题

1. 什么是图像的边缘检测?常用的方法包括哪些?

2. 什么图像梯度?简述其基本原理。

3. 什么是 Roberts 算子?简述采用 Roberts 算子边缘检测的基本原理。

4. 什么是 Sobel 算子?简述采用 Sobel 算子边缘检测的基本原理。

5. 什么是 Prewitt 算子?简述采用 Prewitt 算子边缘检测的基本原理。

6. Roberts 算子、Sobel 算子和 Laplacian 算子三种方法有什么不同?

二、问答题

1. 若一幅图像的数据为

$$I = \begin{pmatrix} 1 & 1 & 3 & 1 \\ 5 & 7 & 7 & 0 \\ 15 & 14 & 10 & 4 \\ 8 & 9 & 11 & 6 \end{pmatrix}$$

采用 Roberts 算子、Sobel 算子和 Laplacian 算子三种方法的图像数据分别是什么?

2. 若一幅图像的数据为

4	6	7	6
3	7	7	5
4	6	7	4
5	5	6	5

梯度计算公式为

$$\|M[f(i,j)]\| = |f(i+1,j) - f(i,j)| + |f(i,j+1) - f(i,j)|$$

试计算获取该幅图像的梯度图像数据。

三、程序设计题

1. 对于图 3 – 41 所示图像,编写程序,完成对图像的依据 Roberts 算子进行边缘检测,并显示对比处理前后效果。

图 3 – 41

2. 对于图 3 – 42 所示图像,编写程序,完成对图像的依据梯度算子进行边缘检测,并显示对比处理前后效果。

3. 对于图 3 – 43 所示图像,编写程序,完成对图像的依据 Laplacian 算子进行边缘检测,并显示对比处理前后效果。

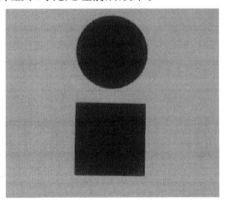

图 3 – 42　　　　　　　　　　　　　　图 3 – 43

3.9　点集的最小外包

3.9.1　概述

前面已经介绍了如何应用阈值分割技术提取图像中的目标物体,通过边缘检测技术提取目标物体的轮廓,但是由于噪声和外部环境的影响,物体的轮廓往往会出现不规则的形状,不规则的轮廓形状给后续的识别分析带来很大的困难,于是需要将图像轮廓拟合成规则的几何形状。OpenCV 中提供了轮廓外接多边形函数,实现轮廓的形状拟合。本节将介绍如何拟合图像边缘轮廓,如何确定物体的边缘轮廓是否满足几何形状,如直线、圆、椭圆等,或者拟合出包含前景或边缘轮廓像素点的最小外包矩形、圆、凸包等几何形状。由于矩形是最常见的几何形状,且矩形的处理和分析方法较为简便,所以寻找轮廓的外接矩形是最简单且易于应用的方法。下面具体介绍图像轮廓外接矩形、圆、凸包等几何形状的实现方法,为后面计算图像轮廓的面积或者模板匹配等操作打下坚实的基础。

3.9.2　点集的最小外包

点集是指坐标点的集合。已知二维笛卡儿坐标系中的很多坐标点,需要找到包围这些坐标点的最小外包四边形或者圆,在这里最小指的是最小面积,如图 3 - 44 所示。

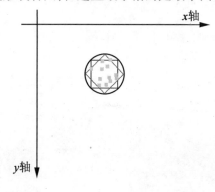

图 3 - 44

OpenCV 对图 3 - 44 所示的三类最小外包几何单元都有相应的实现,接下来详细介绍其对应的数据结构和函数。

3.9.3　最小外包矩形

1. 概念

OpenCV 提供了两个关于矩形的类:一个是关于直立矩形的 Rect;另一个是关于旋转矩形的 RotatedRect。只需要三个要素就可以确定一个旋转矩形,即宽、高和旋转角度,前两个要素统称为中心坐标尺寸。对于 RotatedRect,OpenCV 并没有提供类似于画直立矩形的函数 rectangle,可以通过画四条边的方式画出该旋转矩形。

OpenCV 提供的矩形函数是

```
rectangle(img,point(j,i),point(j + img.cols,i + img.rows),
scalar,r,b)
```

参数说明见表 3 – 9。

表 3 – 9 矩形函数的参数含义

参数	解释
img	源图片
point(j,i)	矩阵左上点的坐标
point(j + cols,i + rows)	矩阵右下点的坐标
scalar	颜色
r	线条宽度
b	线型

cv2. minAreaRect(points)的主要作用是获得一个多边形的外接最小旋转矩形,它是通过 cv2. findContours()找轮廓函数,返回轮廓数组 points 后,通过轮廓数组 points 绘制轮廓的最小外接矩形的方法。cv2. minAreaRect 函数返回的是一个称为 Box2D 的结构,其表示的意义是(中心点坐标,(宽度,高度),旋转的角度)。

2. 程序实现

(1)直立矩形。

```
import cv2
import numpy as np
orig = cv2.imread('15.jpg', flags = cv2.IMREAD_COLOR)
mask = cv2.cvtColor(orig, cv2.COLOR_BGR2GRAY)
_, mask = cv2.threshold(mask, 200, 255, 0)
image = orig.copy()
contours, hierarchy = cv2.findContours(mask, mode = cv2.RETR_
LIST, method = cv2.CHAIN_APPROX_SIMPLE)
for c in contours:
    #绘制轮廓
    image = cv2.drawContours(image, [c], 0, (255, 0, 0), 2)
    x, y, w, h = cv2.boundingRect(c)
    cv2.rectangle(image,(x, y),(x + w, y + h),(0, 255, 0), 2)
    cv2.imshow("image", image)
cv2.waitKey(0)
cv2.destroyAllWindows()
```

运行结果如图 3 – 45 所示。

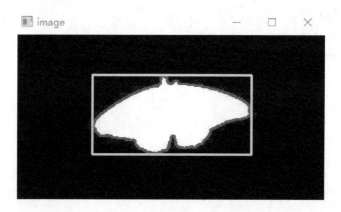

图 3-45

（2）旋转矩形。

```
import cv2
import numpy as np
if __name__ == "__main__":
    orig = cv2.imread('15.jpg', flags = cv2.IMREAD_COLOR)
    mask = cv2.cvtColor(orig, cv2.COLOR_BGR2GRAY)
    _, mask = cv2.threshold(mask, 200, 255, 0)
    image = orig.copy()
    contours, hierarchy = cv2.findContours(mask, mode = cv2.RETR
_LIST, method = cv2.CHAIN_APPROX_SIMPLE)
    for c in contours:
        # 绘制轮廓
        image = cv2.drawContours(image, [c], 0,(255, 0, 0), 2)
        rect = cv2.minAreaRect(c)
        print(rect)
        box = np.int0(cv2.boxPoints(rect))
        cv2.drawContours(image, [box], 0,(0, 0, 255), 2)
        cv2.imshow("image", image)
        cv2.waitKey(0)
        cv2.destroyAllWindows()
```

运行结果如图 3-46 所示。

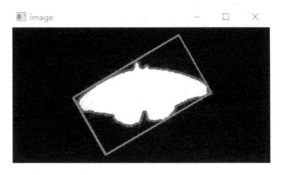

图 3 - 46

3.9.4　最小外包圆

OpenCV 提供了函数

```
minEnclosingCircle(points, center, radius)
```

来实现点集的最小外包圆,其参数说明见表 3 - 10。

表 3 - 10　最小外包圆函数的参数含义

参数	解释
points	点集
center	圆心
radius	半径

Python 代码实现如下:

```
import cv2
import numpy as np
if __name__ = = "__main__":
    orig = cv2.imread('15.jpg', flags = cv2.IMREAD_COLOR)
    mask = cv2.cvtColor(orig, cv2.COLOR_BGR2GRAY)
    _, mask = cv2.threshold(mask, 200, 255, 0)
    image = orig.copy()
    contours, hierarchy = cv2.findContours(mask, mode = cv2.RETR
_LIST, method = cv2.CHAIN_APPROX_SIMPLE)
    for c in contours:
        #绘制轮廓
        image = cv2.drawContours(image, [c], 0, (255, 0, 0), 2)
        (x, y), radius = cv2.minEnclosingCircle(c)
```

```
center =(int(x), int(y))
radius = int(radius)
cv2.circle(image, center, radius,(0, 255, 255), 2)
cv2.imshow("image", image)
cv2.waitKey(0)
cv2.destroyAllWindows()
```

运行结果如图 3 – 47 所示。

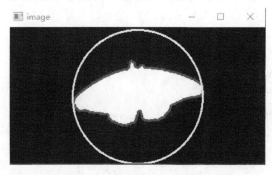

图 3 – 47

3.9.5 最小凸包

有时检测出来物体的轮廓过于复杂,用多边形轮廓包裹起来处理的时候也很复杂,如人手、章鱼等,对于轮廓比较复杂的物体可以利用凸包来近似表示。凸包是计算机图形学中最常见的概念,通俗上说,在二维平面上给定一些点集,凸包就是这些点集中最外层点集连接起来构成的凸边形,它能够包含点集中所有的点,如图 3 – 48 所示。计算一个物体的凸包是理解一个物体形状或轮廓最有效、最便捷的方法,然后再通过物体的凸缺陷计算更好地将物体复杂的特性表现出来。

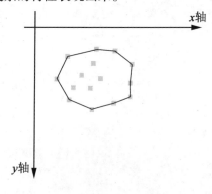

图 3 – 48

OpenCV 定义了如下计算凸包函数:

```
convexHull(points, hull, clockwise, returnPoint)
```

参数说明见表 3 – 11。

表 3 – 11　凸包函数的参数含义

参数	解释
points	输入点集是 vector 或 Mat 类型
hull	构成凸包的点,类型 vector < point > . vector < point2f >
clockwise	方向标志,决定 hull 中的点是按顺时针还是逆时针排列
returnPoints	尔布值,True 时,hull 中储存的是坐标点; False 时,hull 中储存的是坐标点在点集中的索引

Python 程序的实现如下:

```
if __name__ == "__main__":
    s = 400
    I = np.zeros((s,s),np.uint8)
    n = 80
    points = np.random.randint(100,300,(n,2),np.int32)
    for i in range(n):
  cv2.circle(I,(points[i,0],points[i,1]),2,225,2)
    convexhull = cv2.convexHull(points)
    print: type(convexhull)
    print: convexhull.shape
    k = convexhull.shape[0]
    for i in range(k -1):
        cv2.line(I,(convexhull[i,0,0],convexhull[i,0,1]),
(convexhull[i +1,0,0],convexhull[i +1,0,1]),255,2)
        cv2.line(I,(convexhull[k -1,0,0],convexhull[k -1,0,1]),
(convexhull[0,0,0],convexhull[0,0,1]),255,2)
        cv2.imshow("I",I)
    cv2.waitKey(0)
    cv2.destroyAllWindows()
```

凸包的数据结构类型是一个 ndarray 类,打印出这个 ndarray 的 shape 属性可知它是三维的,代表了 10 个点相连构成点集的凸包,然后依次连接这些点,如图3 – 49所示。

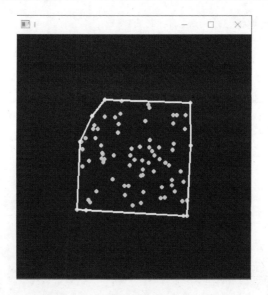

图 3-49

因为上述程序的点集是随机生成的,所以每次运行的结果可能都不一样。

思考与练习题

一、简答题

1. 什么是图像点集?

2. 什么是图像点集的最小外包?

3. 什么是最小凸包? 简述其基本原理。

4. 三类最小外包几何单元分别是什么?

二、程序设计题

1. 对于图 3-50 所示图像,编写程序,完成依据最小外包矩形对图像进行处理,并显示对比处理前后效果。

图 3-50

2.随机生成若干个数据点,并绘制其最小凸包。

3.10　图像轮廓

3.10.1　查找、绘制轮廓

在对点集的几何单元拟合代码示例中,点集是手动输入或者随机生成的,在 OpenCV 中也提供了一个函数:

```
cv2.findContours(image,mode,method)
```

从函数名就可以看出这是一个用来"寻找轮廓"的函数,首先了解一下轮廓的定义。一个轮廓对应着一系列的点,这些点按照顺序构成一个点集,表示图像中的一条曲线,可以认为轮廓就是一系列有序点的集合。

在使用函数 cv2.findContours( )寻找图像的轮廓时,需要注意检测的图像必须是灰度二值图,所以在进行轮廓处理之前,需要对图像进行阈值分割,在转化为合适的二值图像之后将其结果作为参数进行轮廓查找。其次在 OpenCV 中,一般都是从黑色的背景中提取白色的对象,所以对于图像来说对象必须是白色的,而背景必须是黑色的。

为了直观地理解所找到的轮廓,可以通过函数 cv2.drawContours( )来绘制图像的轮廓,即

```
cv2.drawContours(image, contours, contourIdx, color, thickness
=None, lineType = None, hierarchy = None, maxLevel = None, offset =
None)
```

该函数的返回值为 image,是一张绘制了原始图像中边缘轮廓的图像。这里需要注意,cv2.drawContours( )是直接在原图像上绘制轮廓,经过 cv2.drawContours( )的处理后原图像就只包含了轮廓信息。如果原图像在后续的处理中还需要用到的话,在进行轮廓绘制之前需要对原图像预先复制,将该图像的副本传给 cv2.drawContours( )。

下面使用这两个函数的 PythonAPI,找到一幅图像边缘的轮廓,并分别绘制在不同的黑色画布上,代码如下:

```
from __future__ import print_function
import cv2
import numpy as np
import argparse
import random as rng
rng.seed(1)
def thresh_callback(val):
```

```
        threshold = val
        # 使用 Canny 检测边缘
        canny_output = cv2.Canny(src_gray, threshold, threshold * 2)
        # 寻找轮廓
        img1, contours, hierarchy = cv2.findContours(canny_output,
cv2.RETR_TREE, cv2.CHAIN_APPROX_SIMPLE)
        # 绘制轮廓
        drawing = np.zeros((canny_output.shape[0], canny_output.
shape[1], 3), dtype = np.uint8)
        for i in range(len(contours)):
            color = (rng.randint(0, 256),(rng.randint(0,256)),(rng.
randint(0, 256)))          cv2.drawContours(drawing, contours, i,
color, 2, cv2.LINE_8, hierarchy, 0)
            # 在一个窗口展示
        cv2.namedWindow('out', 0)
            cv2.resizeWindow('out', 640, 480)
            cv2.imshow('out', drawing)
    # 加载原图像
    src = cv2.imread(r'3.jpg')
    if src is None:
        print('Could not open or find the image:')
        exit(0)
    # 图像的灰度处理与模糊
    src_gray = cv2.cvtColor(src, cv2.COLOR_BGR2GRAY)
    src_gray = cv2.blur(src_gray,(3, 3))
    source_window = 'Source'
    cv2.namedWindow(source_window, 0)
    cv2.resizeWindow(source_window, 640, 480)
    cv2.imshow(source_window, src)
    max_thresh = 255
    thresh = 100
    cv2.createTrackbar ('Canny Thresh', source_window, thresh,
max_thresh, thresh_callback)
    thresh_callback(thresh)
    cv2.waitKey()
```

运行结果如图 3 - 51 所示。

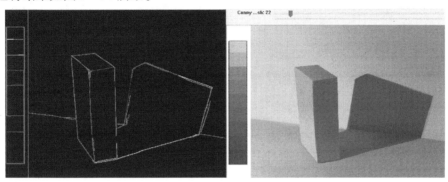

图 3 - 51

上面的代码中用到了函数

```
cv2.createTrackbar(trackbarName, windowName, value, count, on-
Change)
```

这个函数的作用是定义一个滑动条来实时地改变另一个函数的参数值。trackbar-Name 是滑动条的名字;windowName 是滑动条所在窗口的名字;value 是滑动条的默认值;count 是滑动条的最大值;onChange 是回调函数,每一次滑动都会调用回调函数改变其参数。

3.10.2 矩特征

前面介绍了从图像中分离出轮廓的方法,比较两个图像最简单的方法就是比较两幅图像的轮廓矩。矩信息包含了图像的大小、位置、角度等几何信息。因为轮廓矩代表轮廓、图像或者一组点集的所有的特征,所以其在图像识别、模式识别等方面被广泛应用。

1. 矩的计算:moments 函数

在 OpenCV 中提供了获取矩的函数:

```
retval = cv2.moments(array, binaryImage = None)
```

参数 array 可以是 8 位的单通道图像,也可以是二维的点集。如果输入为点集,函数会把点集当作轮廓中的顶点,把点集作为一整条轮廓,并不会把点集看成单个的点。参数 binaryImage:把该参数置为 Ture 时,array 中的所有非零值都会被置为 1,且只有参数 array 为图像的时候才有效。该函数的返回值 retval 为矩特征。

2. 空间矩

①零阶矩:m00。

②一阶矩:m01,m10。

③二阶矩:m20,m11,m02。

④三阶矩:m30,m21,m12,m03。

3. 中心矩

①二阶中心矩:mu20,mu11,mu01。

②三阶中心矩:mu30,mu21,mu12,mu03。

4. 归一化中心矩

①二阶 Hu 矩:nu20,nu11,nu02。

②三阶 Hu 矩:nu03,nu21,nu12,nu30。

矩都是根据数学推导得到的,都比较抽象,这里不做过多解释。但是不难发现,若两个轮廓的矩相同,那么这两个轮廓就是一样的。虽然矩是抽象的特征,但是零阶矩"m00"还是比较好理解的,即表示轮廓的面积。

可以通过比较函数 cv2. Moments( ) 的返回值来判断两个轮廓是否相似。例如,对于图像不同位置的两个轮廓,可以通过比较函数返回值的"m00"判断其面积是否相等,从而判断两个轮廓是否相似。虽然轮廓的面积周长等不会随着轮廓位置的变化而变化,但是高阶的特征会随着位置的改变而有所不同。在更多的情况下,都需要比较不同位置的两个对象的相似性,中心矩可以很好地解决这个问题,其通过减去平均值从而获得平移不变性。除了平移不变性,有时还需要考虑放缩之后大小不一的问题,换句话说,想让图像在放缩之后的特征值与原始图像相同。而中心矩没有这个特性,归一化中心矩通过除以物体的总尺寸获得放缩不变性,同时归一化中心矩也有平移不变性。

下面通过代码实现提取一幅图像的第一条轮廓的矩特征,代码如下:

```
import cv2
img = cv2.imread(r'picture4.jpg', 0)
ret, binary = cv2.threshold(img, 127, 255, cv2.THRESH_BINARY)
image, contours, hierarchy = cv2.findContours(binary, cv2.RETR_LIST, cv2.CHAIN_APPROX_SIMPLE)
print(cv2.moments(contours[0]))
```

运行之后控制台会输出如图 3 – 52 所示信息。

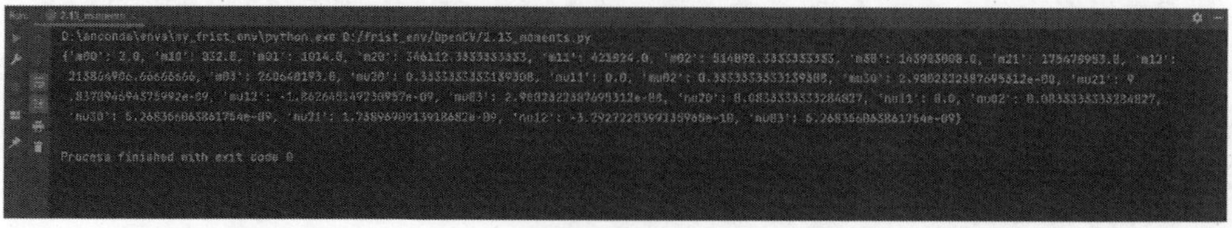

图 3 – 52

可以看到返回值是一个字典,存放了前面提到的所有的矩特征信息。

3.10.3 轮廓的几何信息

1. 计算轮廓的面积

零阶矩"m00"的含义就是轮廓的面积,可以通过这种方法获得轮廓的面积,同时
OpenCV也提供了函数cv2.contourArea()用于计算轮廓的面积,它接收cv2.findContous()
的返回值contours为参数,具体的代码如下:

```
import cv2
img = cv2.imread(r'D:\OpenCV_pictures\picture4.jpg', 0)
ret, binary = cv2.threshold(img, 127, 255, cv2.THRESH_BINARY)
image, contours, hierarchy = cv2.findContours(binary, cv2.RETR_
LIST, cv2.CHAIN_APPROX_SIMPLE)
for i in range(3):
    print('轮廓' + str(i) + '的面积' + str(cv2.contourArea(contours
[i])))
```

运行之后会得到前3个轮廓的面积,如图3-53所示。

```
Run:    2.13.contourArea
        D:\anconda\envs\my_frist_env\python.exe D:/frist_env/OpenCV/2.13.contourArea.p
        轮廓0的面积2.0
        轮廓1的面积1.5
        轮廓2的面积0.0

        Process finished with exit code 0
```

图3-53

2. 计算轮廓的长度

OpenCV提供了函数cv2.arcLength(curve,closed)用于计算轮廓的长度,与计算面积一样,
此函数接收的参数curve为cv2.findContous()的返回值contours。closed是布尔类型值,用来
表示轮廓是否封闭,该值为True时,表示轮廓是封闭的。具体的代码如下所示:

```
import cv2
img = cv2.imread(r'D:\OpenCV_pictures\picture4.jpg', 0)
ret, binary = cv2.threshold(img, 127, 255, cv2.THRESH_BINARY)
image, contours, hierarchy = cv2.findContours(binary, cv2.RETR_
LIST, cv2.CHAIN_APPROX_SIMPLE)
for i in range(10):
    print('轮廓' + str(i) + '的长度' + str(cv2.arcLength(contours
[i], True)))
```

```
print('*'*30)
for i in range(len(contours)):
    if cv2.arcLength(contours[i], True) > 700:
        print('轮廓' + str(i) + '的长度' + str(cv2.arcLength(con-
tours[i], True)))
```

上述代码通过函数 cv2. arcLength( )计算出了前 10 个轮廓的长度,然后又使用判断语句挑选出长度大于 700 的轮廓。运行结果如图 3 – 54 所示。

图 3 – 54

思考与练习题

一、简答题

1. 什么是轮廓?

2. OpenCV 提供了多种计算轮廓近似多边形的方法,主要包括哪些?

二、程序设计题

对于图 3 – 55 所示图像,编写程序,完成依据最小外包圆对图像进行处理,并显示对比处理前后效果。

图 3 – 55

3.11 获取指定颜色的面积和坐标信息

3.11.1 根据颜色参数转化图像

如果要由颜色识别物体,需要获取颜色的范围参数,下面代码展示了如何获取颜色的参数范围:

```
sv = cv2.cvtColor(rgb_image, cv2.COLOR_BGR2HSV)    #转换为 HSV 颜色
空间
lower_red = np.array([20, 20, 20])
upper_red = np.array([200, 200, 200])
mask = cv2.inRange(hsv, lower_red, upper_red)
```

其中函数

```
mask = cv2.inRange(hsv, lower_red, upper_red)
```

的参数说明见表 3 – 12。

表 3 – 12 获取颜色范围的函数的参数含义

参数	解释
hsv	原图像
lower_red	低于 Lower_red 的值,图像变为 0
upper_red	高于 Upper_red 的值,图像变为 0

cv2.inRange( )函数可以实现图像二值化功能(和 threshold( )类似),且可以同时针

对多通道进行操作。此函数具体是将在两个阈值内的像素值设置为白色(255),而不在阈值区间内的像素值设置为黑色(0),该功能类似于双阈值化操作。

一般对色彩空间的图像进行有效处理都是在 HSV 空间进行的,对于基本色中对应的HSV 分量,需要给定一个严格的范围,下面是通过实验计算的模糊范围:

$$H:0 \sim 180$$
$$S:0 \sim 255$$
$$V:0 \sim 255$$

此处把部分红色归为紫色范围,HSV 各分量取值范围见表 3 – 13。

表 3 – 13　HSV 各分量取值范围

颜色	黑	灰	白	红		澄	黄	绿	青	蓝	紫
H_{min}	0	0	0	0	156	11	26	35	78	100	125
H_{max}	180	180	180	10	180	25	34	77	99	124	155
S_{min}	0	0	0	43		43	43	43	43	43	43
S_{max}	225	43	30	255		255	255	255	255	255	255
V_{min}	0	46	221	46		46	46	46	46	46	46
V_{max}	46	220	225	225		225	225	225	225	225	225

Python 程序实例如下:

```
import cv2
import numpy as np
if __name__ = = "__main__":
    img = cv2.imread('bird.png')   # 读进来是 RGB 格式
    hsv = cv2.cvtColor(img, cv2.COLOR_BGR2HSV)   # 变成 HSV 格式
    cv2.namedWindow("Color Picker")
    low_hsv = np.array([100,43,46])
    high_hsv = np.array([124,255,255])
    mask = cv2.inRange(hsv, lowerb = low_hsv, upperb = high_hsv)
    cv2.imshow("test", mask)
    cv2.imshow("Color Picker", img)
    cv2.waitKey(0)
    cv2.destroyAllWindows()
```

运行结果如图 3 – 56 所示。

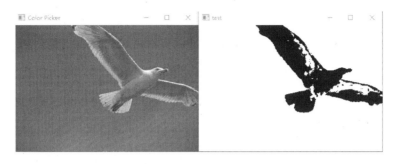

图 3-56

3.11.2 轮廓的周长和面积

1. 原理详解

点集是指坐标点的集合,点集中坐标点的顺序决定了依次相连后得到轮廓的形状。例如有四个坐标点$(0,0)$、$(100,100)$、$(50,30)$、$(100,0)$,它们构成了一个点集,如图 3-57(a)所示;如果这四个点的顺序是$(0,0)$、$(50,30)$、$(100,100)$、$(100,0)$,将这四个点依次相连便可得到图 3-57(b);改变这四个点的顺序,如变为$(0,0)$、$(100,100)$、$(100,0)$、$(50,30)$,将这四个点依次相连便可得到图 3-57(c)。所以,虽然坐标点是一样的,但是如果坐标点的顺序不一样,那么依次相连后得到的轮廓就会不同,如图 3-57 所示。

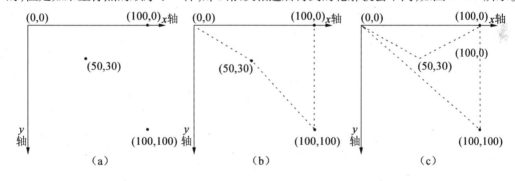

图 3-57

如何计算点集所围区域的周长和面积呢? OpenCV 对这两方面的度量都给出了相应的计算函数。其中计算周长函数为

```
cv2.arcLength(InputArray curve , bool closed)
```

参数说明见表 3-14。

表 3-14 周长函数的参数含义

参数	解释
curve	输入二维点集,可以是 vector 或 Mat 类型
close	曲线是否封闭

计算面积函数为

```
cv2.contourArea(InputArray contour, bool oriented = false)
```

参数说明见表 3 – 15。

表 3 – 15 面积函数的参数含义

参数	解释
contour	输入二维点集,可以是 vector 或 Mat 类型
oriented	面向区域标识符,默认 false,表示以绝对值返回;若为 true,该函数返回一个带符号的面积值,正负取决于轮廓的方向(顺时针还是逆时针)

2. Python 实现

下面介绍如何利用函数 arcLength 和 contourArea 的 PythonAPI 计算点集所围区域的周长和面积,这时点集的形式是一个 $n \times 2$ 的二维 ndarray 或者 $n \times 1 \times 2$ 的三维 ndarray。

```python
import numpy as np
import cv2
#主函数
if __name__ == "__main__":
    #点集
    points = np.array([[[0,0]], [[50,30]], [[100,0]], [[100,
100]]], np.float32)
    #计算点集所围区域的周长
    length1 = cv2.arcLength(points, False) #首尾不相连
    length2 = cv2.arcLength(points, True) #首尾相连
    #计算点集所围区域的面积
    area = cv2.contourArea(points)
    #打印周长和面积
    print("周长(不封闭)",length1)
print("周长(封闭)",length2)
print("面积",area)
```

运行结果为

```
周长(不封闭) 216.6190414428711
```

3.11.3 点和轮廓的位置关系

1. 原理详解

通过点集可以围成一个封闭的轮廓,那么空间中任意一点和这个轮廓无非有三种关

系：点在轮廓外、点在轮廓上、点在轮廓内。OpenCV 提供的函数

pointPolygonTest(InputArray contour, Point2f pt, bool measure-Dist)

可用于确定点和轮廓的位置关系，其参数解释见表 3 – 16。其中参数 measureDist 是 bool 类型，其值为 false 时，函数 pointPolygonTest 的返回值有三种，即 +1、0、– 1。其中，+1 代表 pt 在点集围成的轮廓内；0 代表 pt 在点集围成的轮廓上；– 1 代表 pt 在点集围成的轮廓外。当其值为 true 时，则返回值为 pt 到轮廓的实际距离。

表 3 – 16 点和轮廓的位置关系函数的参数含义

参数	解释
contour	输入点集
pt	坐标点
measureDist	是否计算坐标点到轮廓的距离

2. Python 实现

利用函数 pointPolygonTest 的 PythonAPI 计算三个坐标点分别与轮廓的关系，具体代码如下：

```
import cv2
import numpy as np
#点集
contour = np.array([[0, 0], [50,30], [100, 100], [100,0]], np.
float32)
#判断三个坐标点和点集所构成的轮廓的关系
dist1 = cv2.pointPolygonTest(contour,(80,40), False)
dist2 = cv2.pointPolygonTest(contour,(50, 0), False)
dist3 = cv2.pointPolygonTest(contour,(40, 80), False)
#打印结果
print(dist1, dist2, dist3)
```

运行结果为

```
1.0 0.0 -1.0
```

3.11.4 获取指定颜色面积和坐标信息

通过上面的学习我们可以通过函数 cv2. inRange( )来处理图像，识别指定的颜色同时使图像二值化，然后用函数 cv2. findContours 和 cv2. drawContours( )标记指定颜色的轮廓，同时获得指定颜色区域的坐标，最后用函数 cv2. contourArea( )计算颜色的面积。

Python 程序实现如下:

```
import cv2
import numpy as np
if __name__ = = "__main__":
    img = cv2.imread('18.jpg')   # 读进来是 RGB 格式
    hsv = cv2.cvtColor(img, cv2.COLOR_BGR2HSV)   # 变成 HSV 格式
    cv2.namedWindow("Color Picker")
    low_hsv = np.array([156, 43,46])
    high_hsv = np.array([180, 255, 255])
    mask = cv2.inRange(hsv, lowerb = low_hsv, upperb = high_hsv)
    #返回二值图
    #标记轮廓
    contours, hierarchy = cv2.findContours(mask, cv2.RETR_TREE,
cv2.CHAIN_APPROX_SIMPLE)
    cv2.drawContours(mask,contours, -1,(156,126,156),6)
    #计算面积
    area = 0
    for i in contours:
        area + = cv2.contourArea(i)
    cv2.imshow("test", mask)
    cv2.imshow("Color Picker", img)
    print("面积:",area)                #输出红色区域面积
    print("坐标:",contours)            #输出红色区域坐标
    cv2.waitKey(0)
    cv2.destroyAllWindows()
```

运行结果如图 3 – 58 和图 3 – 59 所示。

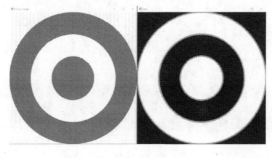

图 3 – 58

图 3 – 59

思考与练习题

结合上节与本节内容,回答以下问题。

一、简答题

1. 简述 RGB 颜色空间原理及各个分量的含义。

2. 简述 HSV 颜色空间原理及各个分量的含义。

3. 简述 RGB 和 HSV 颜色空间的不同。

二、程序设计题

1. 对于图 3 – 60 所示图像,编写程序,实现获取轮廓信息。

2. 对于图 3 – 61 所示图像,编写程序,获得图像轮廓并计算面积。

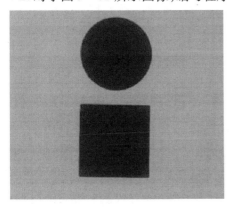

图 3 – 60

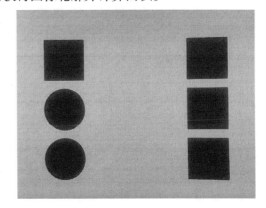

图 3 – 61

3.12　图像压缩

3.12.1　图像压缩的必要性

在对于如何将图像输入计算机,对图像以数字的方式进行存储和处理的研究过程中,图像的压缩是很重要的一个方面。之所以这样说,一方面是因为图像的数据量比较大,尤其是对于分辨率比较高,并且颜色丰富的自然图像。虽然当前的计算机存储设备,如U盘、硬盘、光盘等存储介质的存储空间比较大,能够比较好地满足对于图像的存储,但是在20世纪80年代至90年代早期,人们常用的计算机的一些移动存储设备,如软盘等的存储空间是较少的,常见的1.44 M的软盘难以存储分辨率较高、颜色数量较多的自然图像。比如,一副1 024×768,24位真彩色图像的大小为

$$(1\ 024 \times 768 \times 24)/8 = 2\ 359\ 296\ B = 2.25\ MB$$

如果不压缩,难以保存在软盘。另一方面,在早期较低的速率下,图片等数据难以很好地在互联网上传输。综上所述,采用一定的方式进行图像压缩,使其满足存储和传输的需求是必要的。

3.12.2　图像压缩的可能性

图像能被压缩的原因主要包括两个方面:一方面,是图像数据自身存在冗余性,以计算机绘制生成的图像为例,往往存在较多相同颜色的像素,具有较大的冗余性;另一方面,由于人类视觉系统的特点,因此人类观察图像时存在一定的冗余性,即视觉系统不是对图像的任何变化都能感觉到,比如视觉系统对亮度的变化比较敏感,而对色度的变化则不那么敏感。利用这些特点,可以采用一定方法来降低图像的冗余性,实现压缩。

图像压缩一般也称图像编码,图像压缩采用数据压缩技术。实际上,数据压缩技术在生活中应用普遍,无论是常见的文件压缩,还是在通信、数据库等诸多领域都有所应用。

图像压缩采用的方式主要分为两类,即无损图像压缩和有损图像压缩。在实际应用中,为了获得更好的压缩比,往往采用两者结合的方法。

无损图像压缩是指使用压缩技术对图像进行压缩编码后,图像数据在经过解压缩后得到的图像数据与原来的图像数据是完全一致的。这种无损压缩方式适合需要处理的图像要求数据不能丢失,与原始图像完全相同的情况。常见的方式包括哈夫曼编码、算术编码和LZ77算法等。

有损图像压缩是指对压缩后的图像数据进行解压还原后,得到的图像数据与压缩前的图像数据并不相同。这种方式一般利用人类的视觉系统特点对图像进行压缩,虽然数

据并不相同,但是并不影响使用者的使用,比如使用者难以观察到压缩前后的图像变化,不会产生对图像表达信息的误解。

目前来看,常见的无损数据压缩主要基于两类思想。一类是基于统计的无损数据压缩,常见的包括哈夫曼编码、算术编码等;另一类是基于字典的编码思想,常见的包括LZ77 算法、LZW 算法等。

3.12.3 图像的无损数据压缩

对于数据压缩技术的研究经历了很多年,其发展过程中出现了一些典型方法。如在20 世纪40 年代,由贝尔实验室的香农(Claude Shannon)和麻省理工学院的范诺(R. M. Fano)提出的对符号进行有效编码的方法。香农的信息论也为数据压缩技术奠定了理论基础。

哈夫曼编码是哈夫曼(Huffman)于1952 年提出的一种基于概率的编码方法。算术编码方法(Arithmetic Coding)也是一种无损数据压缩的熵编码,在图像压缩编码标准中,这种方式有一定的应用。Abraham Lempel 与 Jacob Ziv 于1977 年和1978 年分别提出了LZ77 算法与 LZ78 算法,这两种算法代表着另一类思想,即基于字典的编码思想。

接下来介绍几种典型的数据压缩算法。

1. 哈夫曼编码

哈夫曼编码是可以构造最小冗余码的方法,可通过构建哈夫曼树来实现,其基本思想是:对于组成某段信息的若干个符号,统计其出现的频率(即权值),可以获得符号权值列表。建立并查找权值最低的两个节点,构建二叉树。将这两个节点的权值和分配给父节点,将父节点加入列表,同时删除列表中这两个节点。重复这一过程,在列表中查找权值最小的两个节点建立二叉树。通过不断地重复,直到所有的节点都被包含,最终建立哈夫曼树。哈夫曼树可以使得出现次数最多的符号编码长度最短。

以由多个字符 A、B、C、D、E、F 所组成的一段信息为例,设各个符号出现的次数分别为3、6、8、12、15、25,其哈夫曼编码的基本步骤如下:

(1)根据哈夫曼编码,统计出各个符号所出现的频率,按从小到大排列,建立列表(表3 – 17)。

表3 – 17 哈夫曼编码(1)

符号	A	B	C	D	E	F
权值	3	6	8	12	15	25

(2)从表中查找出现频率最小的两个节点,分别作为二叉树的叶子节点来构建二叉树,并将叶子节点的权值的和作为根节点的权值。将叶子节点从列表中删除,并将新建立的父节点加入列表,排序,得到表3 – 18,父节点为 G,权重为9。

表 3 - 18　哈夫曼编码(2)

符号	C	G	D	E	F
权值	8	9	12	15	25

(3)重复步骤(2)的过程,同样查找权值最小的两个节点 C、G 构建二叉树,得到新的父节点。叶子节点权值的和为父节点权值,同时从列表中删除这两个节点,加入父节点排序,得到表 3 - 19,父节点为 H,权重为 17。

表 3 - 19　哈夫曼编码(3)

符号	D	E	H	F
权值	12	15	17	25

(4)同样重复步骤(2)的过程,查找权值最小的两个节点 D、E 构建二叉树,得到新的父节点。叶子节点权值的和为父节点权值,同时从列表中删除这两个节点,加入父节点排序,得到表 3 - 20,父节点为 I,权重为 27。

表 3 - 20　哈夫曼编码(4)

符号	H	F	I
权值	17	25	27

(5)同样重复步骤(2)的过程,查找权值最小的两个节点 H、F 构建二叉树,得到表 3 - 21,新的父节点为 J,权重为 42。

表 3 - 21　哈夫曼编码(5)

符号	I	J
权值	27	42

(6)由节点 I、J 构成二叉树,编码完成。

所建立的二叉树如图 3 - 62 所示。左分支为 0,右分支为 1,则从根节点到叶子节点的 0 和 1 序列就是该叶子节点所对应字符的编码,即哈夫曼编码。

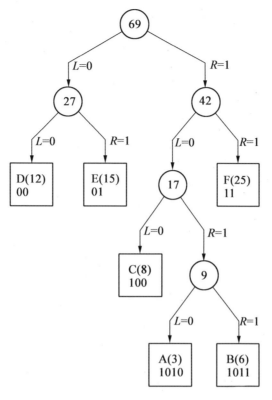

图3-62

下面看一个例子,假设一行像素灰度为0~7,通过对其各类像素的统计,得到分布情况见表3-22。

表3-22　分布情况

灰阶		频率
0		5
1		12
2		18
3		8
4		1
5		5
6		8
7		5

其中0~7出现的频率分别为5、12、18、8、1、5、8、5,则其对应哈夫曼编码如图3-63所示。

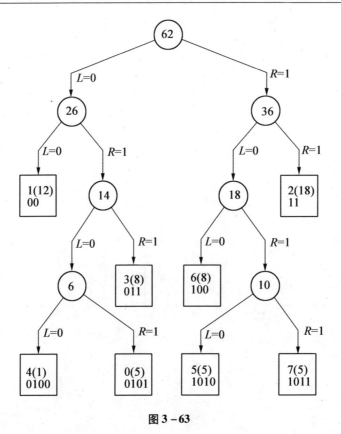

图 3 – 63

2. 算术编码

算术编码的压缩过程的算法如下：

```
left = 0 ; right =1 ;
while not EOF do
    range = right - left ;
    input(ch) ;
    right = left + right_range(ch) * range;
    left = left + left_range(ch) * range;
enddo
output(left);
```

其中，left、right 分别为左、右边界；ch 为需要编码的字符；range 是区间范围，可由左、右边界获得；right_range(ch)为字符 ch 区间右边界的值；left_range(ch)为字符 ch 区间左边界的值。

解码算法如下：设待解码数据为 data_compressed，则

```
result_data = data_compressed
repeat
    If result_data in range(ch):
        output(ch);
    result = result - left_range(ch);
    result = result/(right_range(ch) - left_range(ch));
until result = 0
```

举例来说,对于一段需要编码的数据——字符串"BILL GATES",其概率分布见表 3 - 23。

表 3 - 23　概率分布

字符	概率	区间
^(space)	1/10	$0.00 \leqslant r < 0.10$
A	1/10	$0.10 \leqslant r < 0.20$
B	1/10	$0.20 \leqslant r < 0.30$
E	1/10	$0.30 \leqslant r < 0.40$
G	1/10	$0.40 \leqslant r < 0.50$
I	1/10	$0.50 \leqslant r < 0.60$
L	2/10	$0.60 \leqslant r < 0.80$
S	1/10	$0.80 \leqslant r < 0.90$
T	1/10	$0.90 \leqslant r < 1.00$

前四个字符的编码过程如图 3 - 64 所示。

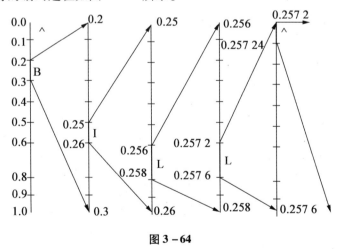

图 3 - 64

每次都是在之前的区间基础上拆分,重复以上流程,直到所有数据编码。最终得到

结果区间是 $[0.257\,216\,775\,2,0.257\,216\,775\,6]$，则将其左右边界转换为二进制，取其相同部分即为压缩结果。

本例中，其边界二进制为

right $= 0.257\,216\,775\,6 = 0.01000001110110001111010101100101011011101110010000010100011$

left $= 0.257\,216\,775\,2 = 0.010000011101100011110101011001110010111101000000000001111100$

则压缩后输出为 01000001110110001111010101100011。

解码的过程是个相反的过程，比较简单，通过查找压缩结果所在区间输出对应的符号，并完成逆运算更新压缩结果。重复这个过程，查找结果所在区间，输出对应的符号，直到输出结果为 0。

3. 行程编码

如果存在这样一些图像，它们具有这样的特性，即图像中具有很多颜色或灰度相同的连续区域，在这些连续区域内，有很多行颜色或灰度是相同的，则适合采用行程编码（Run Length Encoding，RLE）。其基本思想是：既然有连续的多个像素的颜色或灰度值是相同的，那么显然不需要存储每一个像素的值，只需要用一个颜色值和相同颜色的连续像素的数目表示即可。这里连续的相同的颜色像素数目称为行程长度。行程编码思想比较简单，假设某一行的灰度图像的像素值为

3333333333333333333334444444444444444444455555555555555555556
66666666666666667777772222222222222222222222

共 100 个字符，则可用行程长度和符号表示，其行程编码可简单表示为 19 3 20 4 20 5 15 6 5 7 21 2，即由行程长度和对应符号表示，显然这种方法效率比较高，但并不适合于所有图像，尤其是对于一些连续色调、多级灰度且颜色丰富的自然图像，难以包含满足大量的相同颜色值的连续区域。

4. 字典编码

在字典编码中，这里介绍具有代表性的 LZ77 算法，该算法在数据压缩领域应用广泛。LZ77 算法的基本思想是滑动窗口，其基本原理如下：

图 3-65 所示为一个滑动窗口，窗口内包含已经编码的一些数据。此滑动窗口被分为两部分，一部分是包含一部分已编码数据的缓冲区，而另一部分则是未编码的区域。其基本思想是对于未编码的数据，试图在已编码的区域找到最长匹配串，并用匹配串的信息替代将要编码的数据。LZ77 算法通过三元组来实现对未编码数据和下一个不匹配字符的压缩，其三元组的组成包括三部分，即匹配串的地址（即相对于窗口起始地址的偏移量 off）、匹配串的长度 Length 以及下一个不匹配的字符 C，表示为如下的形式：

$$(\text{off},\text{length},\text{ch})$$

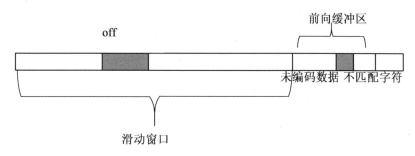

图 3 - 65

　　LZ77 算法基本的工作过程是通过维护一个不断移动的滑动窗口来完成的,具体实现包括以下三步:

　　(1)对于待压缩的数据,从当前前向缓冲区的待压缩字符串的位置开始,对于未编码的数据在窗口内进行搜索,在窗口中查找其最长匹配串,如果存在匹配串,则跳至步骤(2),否则跳转到步骤(3)。

　　(2)编码输出三元符号组(off,length,ch)。其中三个参数依次为查找到的匹配串相对窗口的偏移量、最大匹配串的长度,以及待压缩数据的下一个不匹配的字符。然后窗口向后滑动 length +1 个字符,继续步骤(1)。可以看出,此处对匹配串和其后的一个不匹配字符进行了编码。

　　(3)若不匹配,则可以输出三元组(0,0,ch),表示没找到匹配串,只对一个字符进行了编码,其中 ch 为待编码字符。然后同样需要将窗口向后滑动 length +1 个字符,继续步骤(1)。

　　对于 LZ77 算法,接下来通过一个实例来看一下其执行过程。

　　例:假设窗口的大小是6,且窗口内数据为"bbacdb",即将编码的字符为 "acbfacbfe"。

　　压缩过程如下:

　　(1)查找将要编码字符串,可以查找到匹配串 ac,最长串为 ac(off = 0,len = 2),而下一个不匹配字符是 b,所以可以输出三元组(0,2,b),完成对 acb 的编码。同时窗口应该向右滑动 3 个字符,acb 进入窗口,则窗口中内容变为 cdbacb。

　　(2)接着查看要编码数据,没有在窗口内找到字符 f 的匹配串,则执行步骤(3),输出三元组(0,0,f)。注意,同样需要将窗口向右滑动 1 个字符,所以窗口内数据发生变化,其窗口内字符串变为 dbacbf。

　　(3)接下来,对于还剩下的未编码的 acbfe 查找匹配串,输出三元组(2,4,e)。

　　对于 LZ77 解压,只需依次依据三元组输出匹配串和不匹配的后缀字符即可。但要注意的是,一样要保持窗口的滑动,窗口中内容如编码过程中的一样不断变化。

　　需要说明的是,LZ77 算法的输出也可以有其他形式,如区分找到匹配串和找不到匹配串两种情况来处理,当找不到匹配串时,输出单个字符;否则输出三元组。

5. JPEG 编码

　　(1)JPEG 简介。

　　1986 年,ISO 与 IEC 联合成立了联合图像专家组(Joint Photographic Experts Group,

JPEG)。之后这个组织制定了一系列图像压缩编码标准,如 JPEG、JPEG2000 等。

20 世纪 90 年代,联合图像专家组制定了 JPEG 标准,这是一个应用广泛的静态图像数据压缩标准,在互联网图片、数码相机等诸多领域有所应用,它可以适合多种图像类型,既可应用于灰度图像,也可应用于彩色图像。广泛使用的 JPEG 压缩编码算法是一种有损压缩算法,它是基于离散余弦变换(Discrete Cosine Transform, DCT)的一种压缩方法。

对于图像压缩,可以通过一些无损压缩方法来实现减少图像数据自身冗余性的目的。但这种方法难以获得较大的压缩比,无法满足实际需求。另外,由于人类视觉的特点,可以采用一定方法压缩掉人视觉系统冗余的信息,同时保留人眼敏感的信息。JPEG 算法采用 DCT 将图像变换到频域,利用人眼对中低频敏感,而对高频不敏感的特点,实现压缩,使得压缩后的图像既能较好地满足图像的显示效果,人类观察不到其与原始图像的差别或者这种差别不影响数据的表达。

基于 DCT 的 JPEG 算法的主要流程如图 3-66 所示,其主要包括三个方面。首先,是图像的 DCT 变换,将数据由空域变换到变换域;其次,利用量化表进行系数量化,压缩掉人眼不敏感的高频信息;最后,还要进行无损数据压缩来获得更好的压缩效果。

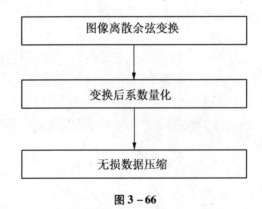

图 3-66

JPEG 算法在实现时一般要经过颜色空间变换,因为其处理的是单独的彩色分量图像,所以它可以处理不同彩色空间的数据,实现压缩,一般需要对图像进行色彩空间变换。图 3-67 所示为狒狒的图像。其对应的 Y、Cb、Cr 的各个分量如图 3-68 所示。

图 3-67

Y分量 　　　　　　　 Cb分量 　　　　　　　 Cr分量

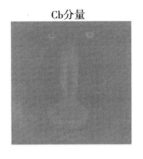

图 3 – 68

由于相比对色度,人眼对亮度更为敏感,因此可以运用这一点通过子采样来降低数据量。接下来可以进行 DCT。对于 8×8 的 DCT 变换,有

$$F(u,v) = \frac{1}{4}C(u)C(v)\left[\sum_{i=0}^{7}\sum_{j=0}^{7}f(i,j)\cos\frac{(2i+1)u\pi}{16}\cos\frac{(2j+1)v\pi}{16}\right]$$

对于逆向离散余弦变换(Inverse Discrete Cosine Transform, IDCT),公式如下:

$$F(i,j) = \frac{1}{4}C(u)C(v)\left[\sum_{u=0}^{7}\sum_{v=0}^{7}f(u,v)\cos\frac{(2i+1)u\pi}{16}\cos\frac{(2j+1)v\pi}{16}\right]$$

其中

$$C(u),C(v) = \begin{cases} \dfrac{1}{\sqrt{2}}, & u,v=0 \\ 1, & 其他 \end{cases}$$

(2)JPEG 压缩编码算法的主要计算步骤。

①正向离散余弦变换(FDCT)。JPEG 算法中会将图像分为若干个 8×8 的图块,并对每个图进行 FDCT,同样得到 8×8 共 64 个系数,如图 3 – 69 所示。

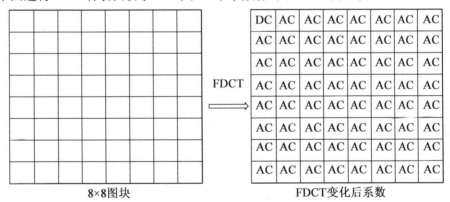

8×8图块 　　　　　　　　　　　 FDCT变化后系数

图 3 – 69

经过 FDCT 变换之后,能量被集中在系数矩阵左上角的低频量。对变换后的系数矩阵,其 $F(0,0)$ 是直流系数(DC 系数),其他是交流系数(AC 系数)。为了防止变换后范围过大,需要减去128,再进行 DCT。狒狒的一个图块数据如下所示:

174	176	180	167	172	170	172	176
175	178	181	174	174	172	174	168
175	175	174	174	174	178	179	174
170	176	168	171	174	167	171	176
172	170	171	168	175	179	174	171
178	184	184	174	185	183	176	173
176	173	167	170	174	174	177	178
177	171	174	171	171	167	171	168

则其经过变换后得到

367.875 0	3.426 1	2.664 4	2.986 3	-4.625 0	-4.382 8	-0.427 1	6.088 7
0.395 7	1.860 7	-0.131 1	-6.180 0	-3.968 6	-0.499 2	0.688 6	0.738 8
-3.067 4	6.583 9	3.691 9	-4.755 1	0.305 4	3.874 2	1.933 1	3.567 0
8.839 7	0.040 6	-1.808 1	1.611 7	-4.243 2	-6.288 0	4.492 8	2.914 5
-14.375 0	-0.333 1	2.911 7	-3.264 5	3.625 0	-0.677 9	0.823 4	1.208 2
-1.745 5	-6.485 6	7.400 8	-2.439 6	5.138 9	-3.495 6	-3.662 5	-2.245 0
9.253 2	2.771 3	-2.816 9	0.423 5	-3.509 0	-1.145 4	2.808 1	1.661 8
-3.885 0	-8.412 9	3.289 6	5.284 7	-0.157 5	4.391 1	2.769 8	-1.976 9

②量化。经过 DCT 后,对每个图块的系统进行量化。量化的过程实际上是有损压缩。亮度量化表见表 3－24,色度量化表见表 3－25。

表 3－24　亮度量化表

16	11	10	16	24	40	51	61
12	12	14	19	26	58	60	55
14	13	16	24	40	57	69	56
14	17	22	29	51	87	80	62
18	22	37	56	68	109	103	77
24	35	55	64	81	104	113	92
49	64	78	87	103	121	120	101
72	92	95	98	112	100	103	99

表 3－25　色度量化表

17	18	24	47	99	99	99	99
18	21	26	66	99	99	99	99
24	26	55	99	99	99	99	99
47	66	99	99	99	99	99	99
99	99	99	99	99	99	99	99
99	99	99	99	99	99	99	99
99	99	99	99	99	99	99	99
99	99	99	99	99	99	99	99

由表3-24和表3-25可知,由于人眼对亮度比对色度更敏感,以及人眼对低频敏感的特点,亮度与色度量化的尺度也有所不同,因此亮度的量化步长较小,色度信号量化步长略大,并且两个表中的左上角的量化步距小于右下角。

　　量化的过程是对对应位置进行如下运算:

$$F(i,j) = \text{ROUND}(\text{DCT}(i,j)/Q(i,j))$$

相应的逆量化公式为

$$\text{DCT}(i,j) = F(i,j) \times Q(i,j)$$

一些系数经量化运算后会变为0,因此会增加"0"值系数个数,达到压缩的目的。对于图3-67所示图块,量化后得到

$$
\begin{array}{cccccccc}
23 & 0 & 0 & 0 & 0 & 0 & 0 & 0 \\
0 & 0 & 0 & 0 & 0 & 0 & 0 & 0 \\
0 & 1 & 0 & 0 & 0 & 0 & 0 & 0 \\
1 & 0 & 0 & 0 & 0 & 0 & 0 & 0 \\
-1 & 0 & 0 & 0 & 0 & 0 & 0 & 0 \\
0 & 0 & 0 & 0 & 0 & 0 & 0 & 0 \\
0 & 0 & 0 & 0 & 0 & 0 & 0 & 0 \\
0 & 0 & 0 & 0 & 0 & 0 & 0 & 0 \\
\end{array}
$$

若进行逆量化,得到

$$
\begin{array}{cccccccc}
368 & 0 & 0 & 0 & 0 & 0 & 0 & 0 \\
0 & 0 & 0 & 0 & 0 & 0 & 0 & 0 \\
0 & 13 & 0 & 0 & 0 & 0 & 0 & 0 \\
14 & 0 & 0 & 0 & 0 & 0 & 0 & 0 \\
-18 & 0 & 0 & 0 & 0 & 0 & 0 & 0 \\
0 & 0 & 0 & 0 & 0 & 0 & 0 & 0 \\
0 & 0 & 0 & 0 & 0 & 0 & 0 & 0 \\
0 & 0 & 0 & 0 & 0 & 0 & 0 & 0 \\
\end{array}
$$

若进行 IDCT,并加上128,得到还原后的数据为

$$
\begin{array}{cccccccc}
177 & 176 & 175 & 174 & 173 & 172 & 171 & 171 \\
177 & 177 & 176 & 176 & 176 & 175 & 175 & 175 \\
173 & 173 & 173 & 174 & 174 & 175 & 175 & 175 \\
167 & 168 & 169 & 170 & 171 & 172 & 173 & 173 \\
170 & 171 & 171 & 173 & 174 & 175 & 176 & 176 \\
177 & 178 & 178 & 178 & 179 & 179 & 180 & 180 \\
178 & 178 & 177 & 177 & 176 & 176 & 176 & 176 \\
173 & 172 & 171 & 170 & 169 & 168 & 167 & 167 \\
\end{array}
$$

可以看到两者数据比较接近。

　　③对于量化后的数据,由于 AC 系数包含了大量的0,因此采用行程编码(Run Length Encoding,RLE)进行压缩。在进行 RLE 编码前,先要进行 Zig-zag 编码,采用之字形

(Zig_zag)格式,基本按照从低频率到高频率顺序排列。编码次序如图 3 - 70 所示。

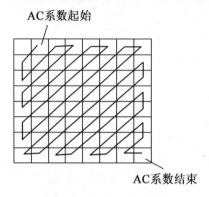

图 3 - 70

由于 AC 系数包含多个 0,因此采用 RLE 编码对 AC 系数进行编码。而对于 DC 系数,由于相邻的 8×8 图块的 DC 系数有一定的相关性,因此对其则采用差分脉冲编码调制(Differential Pulse Code Modulation, DPCM)方法进行编码。

④熵编码。为了获得较好的压缩效果,进一步采用哈夫曼编码来对 DPCM 编码后和 RLE 编码后的数据进行压缩。

JPEG 编码的基本过程如图 3 - 71 所示。

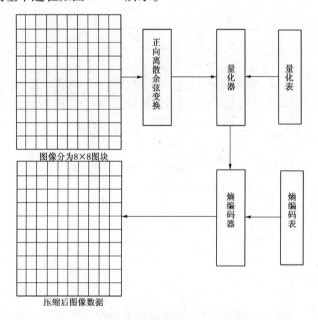

图 3 - 71

解码过程如图 3 - 72 所示,经过熵解码器解码,逆量化器逆量化,以及逆向离散余弦变换重构得到图像。

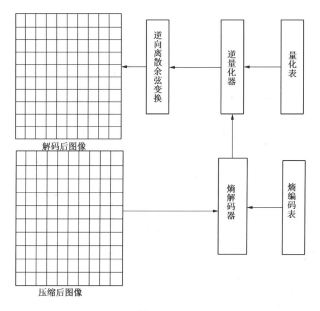

图 3-72

正是多个图块构成了解压后的图像。由数据可以看出,经过 JPEG 压缩后的图像,其重构后的数据与原始数据不一致,因此属于有损压缩。但经过重构后得到的图像数据与原图像数据差别不大,对于最终获得的图像,用户感觉不到其与压缩前图像的差别,或差别不大。

思考与练习题

一、问答题

1. 设某一幅灰度图像共有 8 个灰度级,各灰度级出现的概率分别为

$$P1 = 0.40, \quad P2 = 0.01, \quad P3 = 0.02, \quad P4 = 0.06$$
$$P5 = 0.05, \quad P6 = 0.07, \quad P7 = 0.19, \quad P8 = 0.20$$

试对此图像进行哈夫曼编码。

2. 有一 8×8 灰度图像,其灰度分布级为

$$f = \begin{pmatrix} 10 & 9 & 2 & 8 & 2 \\ 8 & 9 & 3 & 4 & 2 \\ 8 & 8 & 3 & 2 & 1 \\ 7 & 7 & 2 & 2 & 1 \\ 9 & 7 & 2 & 2 & 0 \end{pmatrix}$$

对该图像进行哈夫曼编码。

3. 图 3-73 所示图像是一个 8×8 的灰度图像,试采用行程编码对其编码,写出编码过程。

$$
\begin{array}{|cccccccc|}
\hline
7 & 7 & 7 & 7 & 8 & 8 & 8 & 8 \\
8 & 8 & 8 & 8 & 7 & 7 & 7 & 7 \\
7 & 7 & 7 & 7 & 7 & 7 & 7 & 7 \\
6 & 6 & 6 & 6 & 5 & 5 & 5 & 5 \\
5 & 5 & 5 & 5 & 5 & 3 & 3 & 3 \\
2 & 2 & 2 & 2 & 2 & 2 & 2 & 2 \\
3 & 3 & 3 & 3 & 2 & 2 & 2 & 2 \\
1 & 1 & 1 & 1 & 0 & 0 & 0 & 0 \\
\hline
\end{array}
$$

图 3 – 73

4. 对于由"a,b,c,d,e,!"所组成的字符串,其字符概率分布见表 3 – 26,试采用算术编码对字符"bdcce!"进行编码。

表 3 – 26　字符概率分布

字符 a_i	概率 $p(a_i)$	累积概率 $P(a_i)$	区间范围 $A(s)$
a	0.2	0	[0,0.2)
b	0.1	0.2	[0.2,0.3)
c	0.1	0.3	[0.3,0.4)
d	0.3	0.4	[0.4,0.7)
e	0.2	0.7	[0.7,0.9)
!	0.1	0.9	[0.9,1.0]

二、程序设计题

1. 对于如下灰度图像数据,试采用哈夫曼编码对其进行编码。

$$
f = \begin{pmatrix}
1 & 5 & 255 & 225 & 100 & 200 & 255 & 200 \\
1 & 7 & 254 & 255 & 100 & 10 & 10 & 9 \\
3 & 7 & 10 & 100 & 100 & 2 & 9 & 6 \\
3 & 6 & 10 & 10 & 9 & 2 & 8 & 2 \\
2 & 1 & 8 & 8 & 9 & 3 & 4 & 2 \\
1 & 0 & 7 & 8 & 8 & 3 & 2 & 1 \\
1 & 1 & 8 & 8 & 7 & 2 & 2 & 1 \\
2 & 3 & 9 & 8 & 7 & 2 & 2 & 0
\end{pmatrix}
$$

2. 选择一灰度图像,试采用 LZ77 编码对其进行编码。

3. 选择一灰度图像,试采用算术编码对其进行编码。

4. 选择同一灰度图像,分别采用哈夫曼编码、LZ77 编码和算术编码对其进行编码,比较三种方法的压缩效率。

第4章　机器人操作系统

4.1　机器人操作系统简介

4.1.1　什么是机器人操作系统

在计算机内,操作系统起着非常重要的作用,它是计算机软件的核心。从功能上看,操作系统既向上为应用程序等提供服务,类似于"服务生",使得应用程序可以方便地使用计算机的设备等;又同时兼具"管家"作用,可以完成对复杂硬件的管理。操作系统的出现极大地简化了开发人员的工作,方便了计算机的使用,促进了计算机的普及。

而今,随着机器人技术的不断发展,类似于计算机系统,机器人的硬件多种多样,如舵机、视觉传感器等。其发展也经历了一定的时间,从早期的工业机器人,如点焊、弧焊机器人,发展到具有自主能力的服务机器人、双足机器人等。机器人的硬件和应用软件也类型众多,这使得开发人员和应用人员面临一定的困境,即由于机器人的不同,在一种机器人上开发的应用可能难以在另一种机器人上使用。同时,往往要针对不同机器人的应用需求,提供其所需要的软硬件环境。这客观上也限制了机器人技术的发展和普及。那么,有没有一种类似于计算机操作系统的系统,能够支持多种机器人的使用呢? 机器人操作系统(Robot Operating System,ROS)的出现,较好地解决了这一问题。

ROS 包含了一组软件库和工具,开发和应用人员可以在其基础上建立自己的应用程序。它既包含底层的驱动程序,也包含基本应用和一些前沿的算法,可以满足应用和研究需要。它是一个框架,目前全球许多机器人和自动化领域公司在使用这个框架,同时机器人、自动化等各个相关领域的企业、高校和研究所等相关的研究和开发人员也在使用这个框架。

ROS 与计算机操作系统相似,比较好地屏蔽了底层的硬件细节等,使得开发人员可以使用 ROS 来访问和操作机器人硬件,简化了机器人的应用开发步骤。

但 ROS 又不同于计算机操作系统,不能真正独立地应用。ROS 是一种元操作系统,一般被安装在 Linux 操作系统上,它的使用需要依赖 Linux 操作系统,它可以通过一些操作命令完成机器人控制。ROS 是开源的,能较好地满足开发机器人项目的需求。

4.1.2　ROS 的发展过程

ROS 最初是于 2007 年,由斯坦福大学人工智能实验室所发起的。在 ROS 出现之前,斯坦福大学的其他一些项目为其打下了基础,如斯坦福人工智能机器人(STAIR)和个人机器人(PR)项目等。实际上,ROS 的前身就是由摩根·奎格利(Morgan Quigley)为 STAIR 所开发的 Switchyard 系统,之后机器人公司 Willow Garage 进一步推动了它的发展。从 2013 年起,ROS 由开源机器人基金会(OSRF)所支持。实际上,同一些常用的其他开源软件(如 Linux、OpenCV)一样,ROS 得到了世界范围内无数研究人员的支持和推动。世界各地的研究人员和开发者都可以使用 ROS 搭建自己的机器人系统,同时也可以开源它们的研究内容,共同促进 ROS 的发展。经过多年的发展,ROS 经历了不同版本,具体如下:

2010 年 2 月发布了 Box Turtle 版本,使用环境是 Ubuntu Hardy(8.04 LTS)到 Ubuntu Karmic(9.10)等多个版本,支持 Python 2.5,同年 8 月发布了 C Turtle 版本。2011 年 2 月推出了 Diamondback 版本,支持 Python 2.6,同年 8 月发布了 Electric Emys 版本。2012 年 3 月推出了 Fuerte Turtle 版本,引入了 Catkin,同年 10 月发布了 Groovy Galapagos 版本,支持 Python 2.7 和 CMake。2013 年 8 月推出了 Hydro Medusa。2014 年 5 月推出了 Indigo Igloo 版本。2015 年 5 月推出了 Jade Turtle,支持 Ogre3D 1.9.x、Gazebo 5 以及应用于点云处理的 PCL 1.7.x,对于 OpenCV 支持 OpenCV 2.4.x。2016 年 5 月推出了 Kinetic Kame。2017 年 5 月发布了 Lunar Loggerhead 版本。由上面名字可知,ROS 版本的名称首字母是按英文字母的次序排列的,同时,ROS 习惯用不同的海龟图标作为其不同版本的图标,图 4-1 所示为其几个版本图标。

(a) Box Turtle　　　　　(b) Hydro Medusa　　　　　(c) Jade Turtle

图 4-1

从上面的版本变化可以看到,ROS 的版本更新较快,最初几年是每年发布两次,从 2013 年起,变为每年只发布一次版本更新。纵观其发展过程,其功能得到不断完善。并且其他的一些开源工具如 OpenCV 等也融入了 ROS 中,使得其功能日益强大,形成了一个应用广泛的机器人框架,可以为全世界机器人爱好者和研究、开发人员提供一个机器人开发环境。

4.1.3　ROS 的基本特征

ROS 的设计像其他一些开源软件一样遵从了一定的理念,ROS 的一些关键方面遵循 Unix 软件开发理念,具有如下一些特征:

（1）点对点。一个 ROS 系统可能由很多节点组成，节点分布在一个或多计算机内，节点间是一种点对点的关系。类似于计算机对等网中的两台计算机，这些节点可以相互连接，并且交换消息。它们通过发布/订阅方式实现消息的传递，这种方式并不像计算机网络一样需要路由服务，可以有比较好的扩展性。

（2）包含大量小型工具，可基于大量小型工具建立组件。对于复杂的软件，它可以由大量的小型程序创建，并通过应用大量的小型工具来建立和运行各种 ROS 组件。这种方式的好处是一个组件出现问题并不会影响其他组件，从而使得该系统具有更好的健壮性，更灵活。

（3）支持多种语言。ROS 的程序设计可以应用多种程序设计语言，如 Python、C++等，方便开发人员选择语言进行设计。若希望使用高效易用的开发工具，可以选择Python语言；而若需要有更快的执行速度，可选用 C++。

（4）轻量级。ROS 具有轻量级的特性。它鼓励开发者和研究人员作为贡献者分享所创建的独立的库，通过包装上 ROS 层，使得它们可以与其他的 ROS 模块通信，这提高了软件的复用率。ROS 中每个功能包可以单独编译，并提供统一的消息接口供调用，有利于程序的复用。

（5）免费和开源。与 Linux 等广为熟知的一些开源软件类似，ROS 也是免费并且开源的。ROS 允许开发人员修改其中的应用代码，可以被应用到商业或非商业用途。ROS 社区允许开发人员下载、应用大量的功能包，以提高开发效率。

4.1.4　ROS 的安装

目前，ROS 已经可以在多种操作系统下使用。但是，在其发展早期，ROS 主要在 Linux 操作系统下使用。目前来看，Linux 仍是其广为使用的操作系统之一，而 Ubuntu 系统是 ROS 支持最好的版本。因此在本书中，以 Ubuntu 操作系统为例，介绍 ROS 的使用方法。

ROS 版本的选择：如何选择合适的版本是一个问题。虽然一般希望选择较新的、有更为完善功能的版本，但也要依据实际需要来选择。比如所开发实现的 ROS 程序所依赖的一些包是否支持选择的版本，或者选择的开发工具的版本在所选择的 ROS 版本内是否支持等。

安装过程：本节以 Kinetic 版本为例，简单介绍一下安装过程。

在添加 ROS 软件源和密钥后，就可以安装 ROS 了，命令如下：

（1）首先更新源。

```
sudo apt - get update
```

（2）选择合适版本，安装 ROS。ROS 的版本一般包括桌面完整版安装、桌面版安装和基础版安装等。其中桌面完整版功能完善，也是推荐使用的一版，它功能丰富，便于学习和使用。安装 ros - kinetic - desktop - full 版本的命令如下：

```
sudo apt - get install ros - kinetic - desktop - full
```

基础版的安装方式如下：

```
sudo apt-get install ros-kinetic-ros-base
```

对于在实际应用中可能需要的某一不包含在所安装的版中的功能包，可以通过单独软件包安装，其基本命令格式为

```
sudo apt-get install ros-kinetic-packagename
```

其中，packagename 为需要安装的功能包名，如需要安装图像识别功能包，即

```
sudo apt-get install ros-kinetic-image-recognition
```

若要查询可以使用的功能包，可使用下面的命令：

```
apt-cache search ros-kinetic
```

（3）rosdep 的初始化。在 ROS 中，某些功能包的使用可能需要很多的依赖项，rosdep 的功能就是用来检查和安装依赖项，它在使用前需要初始化和更新。通过下面命令完成其初始化：

```
sudo rosdep init

rosdep update
```

（4）环境变量的设置。为了方便使用，可以配置环境变量，命令如下：

```
echo "source /opt/ros/kinetic/setup.bash" >> ~/.bashrc

source ~/.bashrc
```

经由上述几步，就可以完成安装了，可以输入下面命令完成测试，查看是否安装成功：

```
roscore
```

若显示如图 4-2 所示信息，说明安装成功。

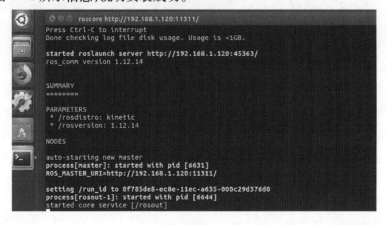

图 4-2

思考与练习题

一、简答题

1. 什么是 ROS，它主要应用于哪些领域？

2. ROS 中的程序可以使用哪些编程语言？

3. 简述 ROS 中的程序设计基本流程。

二、操作题

查阅 ROS 网站,获取相关资料,完成安装 ROS 环境,了解不同 ROS 版本。

4.2　机器人操作系统的架构

4.2.1　ROS 的组成和基本概念

如何能够满足不同用户的需求,实现不同结构的机器人在 ROS 下工作? ROS 通过一个分布式的结构实现了这一功能。

从低到高,ROS 的组成主要包括三个部分:

(1)操作系统。由于 ROS 是一个元操作系统,而并不是真正的操作系统,所以需要依赖于 Linux 操作系统,常用的 Linux 版本是 Ubuntu 系统,Ubuntu 系统是 ROS 支持最好的 Linux 版本,被广泛使用。

(2)中间层。ROS 是一个分布式的框架,其实现通信和机器人设计开发所需的各种库包含在中间层。ROS 在 TCP/IP 基础上实现了基于 tcp/udp 封装的 tcpros/udpros 通信系统,以及进程间通信所使用的 Nodelet 等。机器人开发所需的坐标转换、运动控制等也包含在这一层。

(3)应用层。应用层主要包含完成各种功能所需的功能包,例如实现常见的机器人功能所需的一些包,如感知、视觉、操纵、同时定位和建图(Simultaneous Localization and Mapping,SLAM)、规划等。ROS 系统由多个节点组成,功能包内的模块以一个个节点的形式工作。

4.2.2　ROS 架构的三个概念层次

从实现的角度来看,ROS 系统被设计和划分为三个层次:文件系统级(Filesystem Level)、计算图级(Computation Graph Level)和开源社区级(Community level)。

(1)文件系统级。文件管理是操作系统的基本功能,操作系统通过文件系统组织和管理文件。常见的如 Windows 的 FAT、NTFS,以及 Linux 下的 ext2 等。对于 ROS 来说,同样有类似的功能。不过不同于操作系统,ROS 是一个元操作系统,它的文件系统层主要由一些功能包组成。功能包可以理解为一个个具有一定功能的程序模块。功能包是 ROS 中组成其软件的基本单元,其基本原理如图 4 – 3 所示。

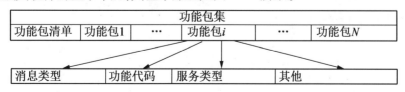

图 4 – 3

①功能包集:包含一个功能清单和多个功能包。

②功能包清单:包含功能包详细描述信息(如作者、许可信息)、依赖关系和编译信息等,保存为一个 XML 文件。

③功能包:是 ROS 的基本单元,包含完成某一功能所需的 ROS 节点、配置和相关库等。

④消息类型:消息是进程间传递的信息,ROS 中包含多种消息类型,满足不同的需要。

⑤服务类型:ROS 中请求与应答的数据类型。ROS 提供了多种服务类型选择,也可以自己定义。

下面来看一个功能包的例子,功能包的目录结构如图 4 - 4 所示。

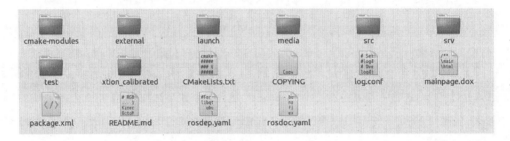

图 4 - 4

对主要的一些文件或目录说明:

①src:这个目录用于存放功能包的执行所需的源代码。

②srv:这个目录用于存放功能包所定义的服务的类型。

③CmakeLists. txt:编译功能包所需要的文件,包含一些编译规则。

④package. xml:XML 文件的格式一般用于数据保存和数据交换,而这个 package. xml 文件包含功能的清单,如图 4 - 5 所示。

图 4 - 5 中包含功能包的名字、版本、许可信息、作者和依赖关系等。这里尤其要注意 <depend> 的标签包含的是依赖项,也就是要应用本功能包需要先安装这些功能包。在实际应用 ROS 时,它的一些功能包往往会存在一些依赖关系,比如点云处理需要用到的 PCL 等。所以,正确地按照依赖关系安装这些功能包对于正确执行功能很重要。事实上,出现所依赖的包不存在是一个常见的问题。在上面的例子中,包括 <build_depend> 和 <run_depeng> 两个依赖,分别表示在功能包编译所依赖的其他功能包,以及运行时功能包编译所依赖的其他功能包。

```xml
<?xml version="1.0"?>
<package>
  <name>myexample</name>
  <version>0.2.0</version>
  <description>
    This package can be used to ....
  </description>

  ...
  <license>GPLv3</license>
  <url type="website">http://ros.org/wiki/...</url>
  ...
  <author>zhangshan</author>
  ...
  <buildtool_depend>catkin</buildtool_depend>
  <build_depend>pcl_conversions</build_depend>
  <build_depend>pcl_ros</build_depend>
  <build_depend>roscpp</build_depend>
  <build_depend>sensor_msgs</build_depend>
  <build_depend>geometry_msgs</build_depend>
  ...
  <run_depend>pcl_ros</run_depend>
  <run_depend>roscpp</run_depend>
  <run_depend>std_msgs</run_depend>
  <run_depend>sensor_msgs</run_depend>
  <run_depend>octomap</run_depend>
  <run_depend>visualization_msgs</run_depend>
    </export>
</package>
```

图 4 – 5

（2）计算图级。机器人包含多种传感设备，如何获取和处理这些传感设备是个问题。这些设备的应用可以通过建立节点，连接入计算图完成。ROS 的功能模块是以节点形式运行的。ROS 程序的运行需要依靠计算图，通过建立一个连接各节点的网络生成一个计算图，完成端到端的通信。计算图的示意如图 4 – 6 所示。

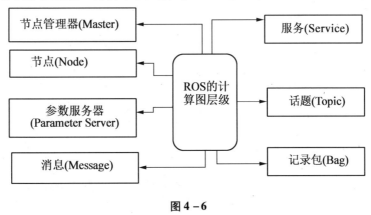

图 4 – 6

计算图主要包括节点（Node）、节点管理器（Master）、参数服务器（Parameter Server）、消息（Message）、服务（Service）、话题（Topic）和记录包（Bag）等。各部分主要功能介绍如下：

①节点:节点是一个基本的执行单元,一般为一个执行某一任务的进程。ROS中可以包含多个节点,不同节点可以位于不同位置。节点可由不同编程语言编写。当两个节点需要同通信时,它们需要接入到 ROS 网络.

②节点管理器:对于多个节点,如何实现管理是个问题。举例来说,如何实现节点名称注册,以及节点查找,使得能够找到目标节点,完成对多个节点的管理,这主要通过节点管理器完成。

③参数服务器:参数服务器的主要作用是供多个节点在运行时使用,完成存储和检索参数任务。

④消息:完成节点间的通信,包括一个节点与另一个节点间发送的数据信息。

⑤话题:不同节点间通过话题传输数据,是对消息进行路由和管理的总线。

⑥记录包:是一种可以用来保存消息数据的文件格式,也可以用来回访消息数据。

(3)开源社区级。在这一级,可以通过开源社区实现 ROS 资源的获取或者分享,通过开源网络社区实现知识获取和共享,包括算法和代码等。像很多开源工具一样,通过这种方式使得 ROS 获得快速普及和发展。

4.2.3　ROS 的通信方式

依据不同的用途,ROS 的通信方式可以分为三类:话题通信(Topic Communication)、服务通信(Service Communication)、参数通信(Parameter Communication)。

1. 话题通信

话题通信机制包括三种角色,如图 4－7 所示,分别为:节点管理器,负责管理节点;发布节点,完成节点注册,发布话题;订阅节点,完成节点注册,订阅话题。

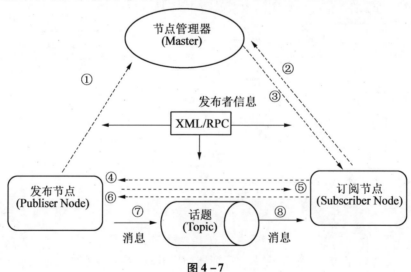

图 4－7

发布/订阅话题通信机制的实现过程主要包括以下几步:

（1）发布节点注册。发布节点启动后,会向节点管理器进行注册,注册内容为其信息,包括发布信息的话题名等。然后,节点管理将相应节点的注册信息添加到相应的注册列表之中。

（2）订阅节点注册。同样地,在订阅节点启动后向节点管理器进行注册,内容包括消息的话题名字。同样地,节点管理将相应的节点的注册信息添加到相应的注册列表之中。

（3）节点管理器对收到的注册内容进行匹配。节点管理器依据注册列表中的信息,将发布节点的地址信息发送给订阅节点。

（4）订阅节点向发布节点发送请求。在收到地址信息后,订阅节点依据地址（RPC地址）信息点向发布节点发送连接请求,包含要订阅的话题等信息。

（5）发布节点确认请求。类似于计算网络中的机制,在发布节点收到订阅节点的请求后,发布节点发送连接请求确认和自身的TCP地址信息。

（6）发布节点和订阅节点建立连接。收到地址信息后,发布节点和订阅节点建立TCP网络连接。

（7）发送消息数据。建立网络后,发布节点就会开始向订阅节点发送话题消息数据。

在上述各步中,应首先启动节点管理器,然后再启动发布节点和订阅节点。另外,这里用到了RPC和TCP协议,其中RPC用在发布节点注册、订阅节点注册、匹配、订阅节点连接请求和确认;而发布节点和订阅节点间建立网络连接和发送数据采用TCP协议。还要注意的是,发布节点和订阅节点的启动次序无特殊要求,可以同时有多个发布节点和订阅节点。一旦发布节点和订阅节点建立连接,它们就可以不依赖节点管理器独立进行通信。

2.服务通信

服务通信机制包括三种角色,如图4-8所示,分别为节点管理器（管理节点）、服务器（发布节点）和客户端（订阅节点）。

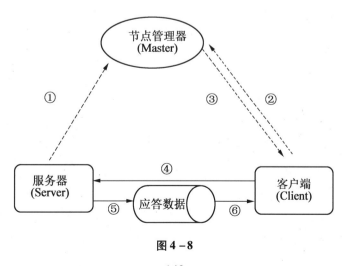

图4-8

发布/订阅服务通信机制相对于话题通信要简单一些,缺少了发布节点与订阅节点间的 RPC 通信,类似于常见的客户/服务器工作方式,其实现过程主要包括以下几步:

(1)服务器节点注册。服务节点启动后,会通过 RPC 向节点管理器进行注册,包含内容为服务名,节点管理将相应的注册信息添加到注册列表之中。

(2)客户端节点注册。在客户端节点启动后通过 RPC 向节点管理器进行注册,内容包括要请求的服务的名称。同样地,节点管理将相应的注册信息添加到注册列表之中。

(3)节点管理器进行信息匹配。节点管理器依据注册列表中的服务与请求信息,将服务节点的地址信息通过 RPC 发送给客户端节点,地址信息为服务器的 TCP 地址。

(4)客户端节点向服务器节点发送请求。在收到地址信息后,客户端节点依据 TCP 地址信息点向服务节点发送连接请求,建立网络,并发送请求数据。

(5)服务器节点发送应答数据。服务器节点接受请求数据后,通过对请求进行解析产生应答数据,将应答数据返回给客户端。

这里,节点管理器的主要功能是保存服务器和客户端注册信息,并依据注册信息进行匹配,提供地址信息,使得服务器与客户端建立连接。一旦建立连接,与广为应用的客户/服务器方式一样,客户端发送请求信息,而服务器返回应答数据。

3. 参数通信

参数通信机制包括三种角色,如图 4-9 所示,分别为节点管理器、参数设置器节点(发布节点)和参数调用者节点(订阅节点)。

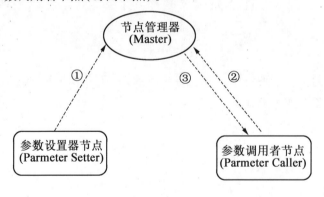

图 4-9

参数通信机制下,参数被发布,保存在节点管理器,参数调用者通过节点管理器获得参数。这种方式不同于话题通信和服务通信,发布节点和订阅节点间没有直接通信。由于这种方式缺少了发布节点与订阅节点间的通信,所以是三种方式中最为简单的。其实现过程主要包括以下几步:

(1)参数设置器节点设置参数。参数设置器节点会通过 RPC 向节点管理器发送参数信息,内容包括参数名称和参数值等,节点管理器将相应的参数信息添加到参数列表之中。

（2）参数调用者节点查询参数。参数调用者节点通过 RPC 向节点管理器发送参数查找请求，请求中包括要查寻的参数名称。

（3）节点管理器发送参数信息。节点管理器接受查询请求后，依据请求的参数名称来进行参数查找，找到参数值，并通过 RPC 将查询结果返回给参数调用者。

了解了以上通信架构和通信机制后，对 ROS 如何工作有了一定的了解。综上所述，ROS 就是通过这样不断地建立节点、发布、注册和订阅来完成工作的。

思考与练习题

1. 简述 ROS 中的程序设计基本流程。

2. ROS 中的基本通信机制主要包括哪三种实现策略？

3. ROS 服务通信中三个角色：ROS Master（管理者），Server（服务端），Client（客户端）分别起到怎样的作用？

4. 画图说明话题通信的基本原理和主要步骤。

5. 画图说明服务通信的基本原理和主要步骤。

6. 画图说明参数通信的基本原理和主要步骤。

7. ROS 参数服务器涉及哪三个角色？简述其基本原理。

4.3 ROS 的使用与命令行工具

上一节介绍了 ROS 的架构和通信原理，了解了 ROS 是如何工作的。本节介绍如何实现这些功能，先来看一个简单的例子。

4.3.1 应用举例

小海龟仿真功能包（turtlesim）是一个可以用于学习 ROS 的很好的工具，下面通过它简单看一下 ROS 的使用。首先在安装好 ROS 的 Ubuntu 系统的终端中输入如下命令：

```
roscore
```

然后打开新的终端输入如下命令：

```
rosrun turtlesim turtlesim_node
```

就可以运行并显示一个模拟的小海龟，可以进一步对小海龟进行控制。输入下面命令：

```
rosrun turtlesim turtle_teleop_key
```

运行键盘控制，可以通过方向键进行控制，如图 4-10 所示。

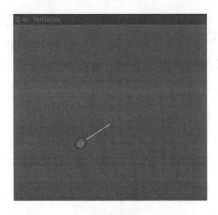

图 4 – 10

在这个例子中,通过一些命令完成了一个简单的小海龟仿真功能包运行。下面介绍 ROS 需要用到一些常用的命令。

4.3.2 常用命令行工具

1. roscore

节点管理器在 ROS 中起着非常重要的作用,roscore 的功能就是启动节点管理器等起着核心作用的功能包,如 Master、rosout 和 Parameter Server 等。其使用方法如下:

```
roscore
```

2. rosnode

ROS 中,节点是一个基本的执行单元,可能是传感器、执行器等。rosnode 可以实现查看运行的节点,并可以查看运行节点的列表。使用方法如下:

```
rosnode list #列出运行节点
```

若要显示节点信息,可通过如下方法:

```
rosnode info node_name # 显示节点信息,node_name 是节点名
```

输入如下命令:

```
rosnode info turtlesim
```

可显示图 4 – 11 所示信息。

```
Node [/turtlesim]
Publications:
 * /rosout [rosgraph_msgs/Log]
 * /turtle1/color_sensor [turtlesim/Color]
 * /turtle1/pose [turtlesim/Pose]

Subscriptions:
 * /turtle1/cmd_vel [geometry_msgs/Twist]

Services:
 * /clear
 * /kill
 * /reset
 * /spawn
 * /turtle1/set_pen
 * /turtle1/teleport_absolute
 * /turtle1/teleport_relative
 * /turtlesim/get_loggers
 * /turtlesim/set_logger_level

contacting node http://192.168.1.120:45035/ ...
```

图 4 - 11

可以看到,包含了发布、订阅及服务的相关信息。

3. rostopic

节点间的通信需要使用话题,节点可以通过发布或者订阅话题来实现通信。例如,一个激光传感器的数据可以被发送到一个叫作"scan"的话题。如何查看和应用话题十分重要。可以通过 rostopic 命令完成对话题运行时的信息显示,还可查看发送到话题的消息。

列出活动的话题:

```
rostopic list
```

在上例中,可显示图 4 - 12 所示信息。

```
/rosout
/rosout_agg
/turtle1/cmd_vel
/turtle1/color_sensor
/turtle1/pose
```

图 4 - 12

显示话题的信息,可用如下命令:

```
rostopic info /topic_name # topic_name 为话题名
```

如输入下面命令:

```
rostopic info /rosout
```

可显示图 4 – 13 所示信息。

```
Type: rosgraph_msgs/Log

Publishers:
 * /turtlesim (http://192.168.1.120:45035/)
 * /teleop_turtle (http://192.168.1.120:42471/)

Subscribers:
 * /rosout (http://192.168.1.120:46853/)
```

图 4 – 13

订阅并输出一个话题内容,可采用如下命令:

```
rostopic echo /topic_name # topic_name 为话题名
```

如输入下面命令:

```
rostopic echo /turtle1 /pose
```

可显示图 4 – 14 所示信息。

发布信息命令:

```
rostopic pub
```

举例来说,如输入下面命令:

```
rostopic pub /turtle1 /cmd_vel geometry_msgs /Twist "linear:
    x: 3.0
    y: 1.0
    z: 0.0
angular:
    x: 0.0
    y: 0.0
    z: 0.0"
```

则小海龟会(从最初的位置)移动一定的距离,如图 4 – 15 所示。

```
x: 5.9270772934
y: 4.42491292953
theta: 2.01600003242
linear_velocity: 0.0
angular_velocity: 0.0
---
x: 5.9270772934
y: 4.42491292953
theta: 2.01600003242
linear_velocity: 0.0
angular_velocity: 0.0
```

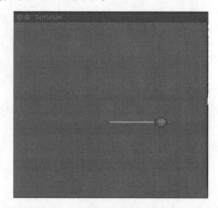

图 4 – 14

图 4 – 15

4. rosrun

rosrun 命令可以在任意包中运行,启动功能包中节点,命令格式为

```
rosrun package_name node_name #package_name 为功能包名称,node_
name 为节点名称
```

输入下列命令,可启动 turtlesim_node 节点:

```
rosrun roscpp_tutorials talker
```

显示如图 4－16 所示信息。

```
INFO] [1655294911.084733003]: hello world 33
INFO] [1655294911.784546839]: hello world 34
INFO] [1655294911.884644415]: hello world 35
INFO] [1655294911.984464283]: hello world 36
INFO] [1655294912.084199345]: hello world 37
INFO] [1655294912.184259255]: hello world 38
INFO] [1655294912.285040498]: hello world 39
INFO] [1655294912.384251907]: hello world 40
INFO] [1655294912.485144031]: hello world 41
```

图 4－16

5. roslaunch

roslaunch 的功能是依据配置文件信息启动一组节点,这种方式支持在远端启动。命令格式如下:

```
roslaunch package_name launchfile #package_name 为功能包名称,
launchfile 是 launch 文件名
```

举例来说,输入如下语句:

```
roslaunch openni_launch openni.launch
```

则可显示图 4－17 所示信息(部分),该语句会启动多个节点。实际上,由于在应用中往往需要用到多个节点,因此这种方式比较常见,其配置文件为 XML 格式。

```
started roslaunch server http://ubuntu:41599/

SUMMARY
========

PARAMETERS
 * /camera/camera_nodelet_manager/num_worker_threads
 * /camera/depth_rectify_depth/interpolation
 * /camera/depth_registered_rectify_depth/interpolation
 * /camera/disparity_depth/max_range
 * /camera/disparity_depth/min_range
 * /camera/disparity_registered_hw/max_range
 * /camera/disparity_registered_hw/min_range
 * /camera/disparity_registered_sw/max_range
 * /camera/disparity_registered_sw/min_range
 * /camera/driver/depth_camera_info_url
 * /camera/driver/depth_frame_id
 * /camera/driver/depth_registration
 * /camera/driver/device_id
 * /camera/driver/rgb_camera_info_url
 * /camera/driver/rgb_frame_id
 * /rosdistro
 * /rosversion
```

图 4－17

图像处理与计算机视觉

6. rosbag

ROS 采用 bag 格式保存各种消息,rosbag 命令完成 bag 的操作,包括播放、录制和验证。rosbag 功能强大,这里主要介绍一些其常见用法:

①rosbagrecord:订阅话题,并建立一个包含这些话题上发布的所有消息内容的 bag 文件,用于对话题内容的录制。

②rosbaginfo:显示 bag 文件的基本信息,包括开始和结束时间、话题及其类型、消息统计等。

③rosbagplay:对录制的 bag 文件进行回放,可以实现对一个或者多个 bag 文件的回放。

> rosbag record <topic_names > #topic_name 是话题名
> 常用参数 -a 录制所有话题
>   -o 指定录制生成 bag 文件名

如下命令可录制所有话题:

> rosbag record -a

完成对小海龟仿真的所有话题的录制,显示图 4-18 所示信息。

```
[ INFO] [1655299222.646485419]: Recording to 2022-06-15-21-20-22.bag.
[ INFO] [1655299222.646741276]: Subscribing to /turtle1/color_sensor
[ INFO] [1655299222.651060618]: Subscribing to /turtle1/cmd_vel
[ INFO] [1655299222.655228698]: Subscribing to /rosout
[ INFO] [1655299222.659743354]: Subscribing to /rosout_agg
[ INFO] [1655299222.664798423]: Subscribing to /turtle1/pose
```

图 4-18

若要回放,可输入如下命令:

> rosbag play 2022 -06 -15 -21 -20 -22 .bag

完成对录制内容的回放,显示如图 4-19 所示信息。

```
[ INFO] [1655299462.756842345]: Opening 2022-06-15-21-20-22.bag

Waiting 0.2 seconds after advertising topics... done.

Hit space to toggle paused, or 's' to step.
 [DELAYED]  Bag Time: 1655299222.668796   Duration: 0.000000 / 195.160253
 [RUNNING]  Bag Time: 1655299222.668796   Duration: 0.000000 / 195.160253
 [RUNNING]  Bag Time: 1655299222.668796   Duration: 0.000000 / 195.160253
 [RUNNING]  Bag Time: 1655299222.669755   Duration: 0.000958 / 195.160253
 [RUNNING]  Bag Time: 1655299222.770751   Duration: 0.101955 / 195.160253
 [RUNNING]  Bag Time: 1655299222.850745   Duration: 0.181948 / 195.160253
 [RUNNING]  Bag Time: 1655299222.866677   Duration: 0.197881 / 195.160253
 [RUNNING]  Bag Time: 1655299222.882603   Duration: 0.213806 / 195.160253
 [RUNNING]  Bag Time: 1655299222.898552   Duration: 0.229756 / 195.160253
 [RUNNING]  Bag Time: 1655299222.914045   Duration: 0.245248 / 195.160253
 [RUNNING]  Bag Time: 1655299222.930466   Duration: 0.261670 / 195.160253
 [RUNNING]  Bag Time: 1655299222.946444   Duration: 0.277647 / 195.160253
 [RUNNING]  Bag Time: 1655299222.962441   Duration: 0.293645 / 195.160253
 [RUNNING]  Bag Time: 1655299222.978480   Duration: 0.309684 / 195.160253
```

图 4-19

以上是常见的一些命令的用法，还有一些命令，如功能包操作命令，文件系统命令，用来实现复制、移动、查看等功能。

思考与练习题

一、简答题

1. ROS 常用命令包括哪些？

2. ROS Shell 命令与 Linux Shell 命令有什么区别？

二、操作题

熟悉 ROS 常用命令，建立启动小海龟功能包 Turtlesim 仿真。

4.4　工作空间、功能包与 catkin 命令

虽然前面已经介绍了一些命令，了解了 ROS 功能包的使用，但是如何开发功能包是一个重要的问题。ROS 类似于其他一些高级语言，也采用工作空间来创建功能包。

4.4.1　工作空间

catkin 是 ROS 的编译系统，其操作简单、效率高。ROS 采用的 catkin 提出了工作空间的概念，工作空间开发人员可以在其中同时建立多个相互依赖包，完成复杂的功能。工作空间指的是将完成某一项目所需的文件、资源等存放到一个与项目相关的目录，这个目录就是工作空间。在这个目录内，可以修改、搭建和安装软件包。工作空间主要包括如下一些目录：

①src：即源代码空间（Source Space），其主要功能是存放与功能包相关的源代码。

②build：即编译空间（Build Space），其主要功能是存放编译过程中生成的一些缓存信息和其他中间文件。

③devel：即开发空间（Development Space），这一目录用在安装前放置构建目标的地方，存放编译后的可执行文件的地方。

④install：即安装空间（Install Space），构建目标后，可以通过安装命令将目标安装在安装空间中。

工作空间的基本结构如图 4-20 所示，一个 catkin 工作空间包含了源代码、编译、开发和安装等四个空间。一个工作空间可包含多个功能包，在 src 目录下包含各个功能包的源码，如 CMakeLists.txt、package.xml 等。实际上这种结构与 Linux 的源码结构有一定的相似性，每个功能包都有自己的 CMakeLists.txt，而工作空间也包含顶层的 CMakeLists.txt 文件。各个功能包可以彼此独立，也可以依靠顶层的文件完成统一的管理，共同完成

复杂的功能。

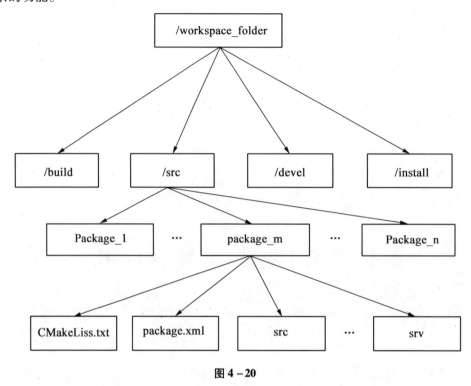

图 4-20

4.4.2 catkin 相关命令

catkin 命令的功能是用来建立工作空间和构建功能包等,其主要包括如下命令:

①catkin_create_pkg ,这个命令的功能是依赖功能包名、依赖项等来创建功能包。

②catkin_init_workspace,这个命令的功能是初始化工作空间。

③catkin_make,这个命令的功能是编译。

以上三个命令是常用的命令,下面依靠它们来建立一个工作空间。

4.4.3 创建工作空间的基本流程

1. 创建工作空间目录

```
mkdir -p ~ /catkin_ws /src
```

以上命令会在用户目录下建立一个目录 src, 然后进入到目录,并初始化工作空间。

2. 工作空间初始化

```
cd ~
cd catkin_ws /src
catkin_init_workspace
```

初始化工作空间后会发现在 src 目录下创建了一个名为 CMakeLists. txt 的文件。接下来进行编译：

```
cd ~
cd catkin_ws
catkin_make
```

以上命令会显示一些编译信息,编译完成后会在工作空间的根目录产生一些新的目录,如图4-21所示。

```
#####
#:~/catkin_ws$ls
build  devel  src
```

图 4-21

分别查看下面三个目录,可以发现增加了一些文件。

①build 目录,如图 4-22 所示。

```
#:~/catkin_ws/build$ls
atomic_configure  catkin_make.cache  CTestConfiguration.ini  Makefile
catkin            CMakeCache.txt     CTestCustom.cmake       test_results
catkin_generated  CMakeFiles         CTestTestfile.cmake
```

图 4-22

②devel 目录,如图 4-23 所示。

```
#:~/catkin_ws/devel$ls
cmake.lock  lib              local_setup.sh    setup.bash  _setup_util.py
env.sh      local_setup.bash  local_setup.zsh  setup.sh    setup.zsh
```

图 4-23

③src 目录,如图 4-24 所示。

```
#:~/catkin_ws/src$ls
CMakeLists.txt
```

图 4-24

其中,在 devel 目录中有一些脚本文件包含 setup. bash 等脚本文件。若要工作空间中的环境变量生效,需要输入如下命令执行 setup. bash 文件：

```
source devel/setup.bash
```

通过以上步骤可以完成一个工作空间的建立,但是在这个空间内还缺少功能包。接下来看一下功能包的建立。

4.4.4 创建工作功能包

可使用 catkin_create_pkg 自动生成功能包,其基本语法格式如下：

```
catkin_create_pkg <package_name> [depend1] ... [dependN]
```

其中,package_name 是功能包名;[depend1] ... [dependN]是功能包的依赖项。

举例来说,建立一个名为 first_example_pkg 的功能包,依赖 std_msgs、rospy 和 roscpp,可输入如下命令:

```
cd ~
cd /catkin_ws/src
catkin_create_pkg first_example_pkg std_msgs rospy roscpp
```

在 src 文件夹下可以看到名为 first_example_pkg 的文件夹,该文件夹里面包含 package.xml、CMakeLists.txt 两个文件和 include、src 两个目录。可以对所建立的包依据所需功能进行进一步编辑。然后,返回工作空间的根目录,进行如下操作:

```
cd ~
cd /catkin_ws/
catkin_make
```

在编译完工作空间之后,再输入下列命令,对环境变量进行更新:

```
source devel/setup.bash
```

这样,一个功能包的建立就完成了。

思考与练习题

一、简答题

1. 什么是工作空间?

2. 工作空间一般包含哪些常见目录?

3. 工作空间中各目录的作用是什么?

4. 初始化工作空间的命令是什么?

5. 创建功能包的命令是什么? 举例说明。

二、操作题

1. 创建一个工作空间,并完成初始化。

2. 在已创建功能下建立一个名为 hello_ros 的功能包。

4.5 ROS 下 Python 编程

为了方便开发,ROS 为机器人开发人员提供了开发接口,不仅包括应用 C++ 开发的接口 roscpp,同样也提供了 Python 的开发支持,即 rospy,它是一个用于 Python 的客户端库。使用 rospy 客户端的 API 可以方便地实现与 ROS 话题、服务和参数等进行交互。利用 rospy 可以快速地实现开发,本节将介绍如何使用它实现发布和订阅过程。

4.5.1 建立功能包

这里以一个完整的过程来介绍如何使用 rospy 来实现话题发布和订阅。

假设还没有建立工作空间,则应首先建立工作空间 catkin_ws,并初始化工作空间。

```
mkdir -p ~/catkin_ws/src
cd ~
cd catkin_ws/src
catkin_init_workspace
```

然后在工作空间内完成如下操作,进行编译:

```
cd ~
cd catkin_ws
catkin_make
```

建立名为 example_img 的功能包,输入如下命令:

```
cd src
catkin_create_pkg example_img std_msgs rospy roscpp
```

则会生成功能包 example_img。

4.5.2 发布者程序设计

进入到 example_img 目录,建立 scripts 目录,用于放置 Python 文件。

```
cd example_img
mkdir scripts
```

接下来进入 scripts 目录,建立文件 talker.py,作为发布者。

```
touch talker.py
gedit talker.py
```

输入如下代码完成发布者信息发布:

```
#! /usr/bin/env python
import time
import rospy as rp
from std_msgs.msg import String
def talker():
    publiser = rp.Publisher('chatter', String, queue_size=10)
    rp.init_node('talker', anonymous=True
```

```
    speed = rp.Rate(50)
    while not rp.is_shutdown():
        message = "Hello ROS world!"
        ts =time.time()
        t =time.ctime(ts)
        message = message + str(t)
        rp.loginfo(message)
        publiser.publish(message)
        speed.sleep()


if __name__ == '__main__':
    try:
        talker()
    except rp.ROSInterruptException:
        pass
```

4.5.3 订阅者程序设计

建立文件 listener. py，作为订阅者。

```
touch listener.py
gedit listener.py
```

输入如下代码完成发布者信息订阅：

```
#! /usr /bin /env python
import rospy as rp
from std_msgs.msg import String
def callback(message):
    rp.loginfo(rp.get_caller_id() + "I received % s", message.
data)
def listener():
    rp.init_node('listener', anonymous =True)
    rp.Subscriber("chatter", String, callback)
    rp.spin()
if __name__ == '__main__':
    listener()
```

4.5.4　编译与执行

修改两个文件为可执行：

```
chmod +x talker.py

chmod +x listener.py
```

然后重新编译功能包,编译成功后,更新环境变量。

重新编译和更新环境变量信息：

```
catkin_make

source ~/catkin_ws/devel/setup.bash
```

接下来就可以验证程序有效性,启动发布者：

```
rosrun example_img talker.py
```

显示图4-25所示信息。

```
[INFO] [1656345719.890712]: Hello ROS world!Tue Jun 28 00:01:59 2022
[INFO] [1656345719.910512]: Hello ROS world!Tue Jun 28 00:01:59 2022
[INFO] [1656345719.930818]: Hello ROS world!Tue Jun 28 00:01:59 2022
[INFO] [1656345719.950411]: Hello ROS world!Tue Jun 28 00:01:59 2022
[INFO] [1656345719.970369]: Hello ROS world!Tue Jun 28 00:01:59 2022
[INFO] [1656345719.990386]: Hello ROS world!Tue Jun 28 00:01:59 2022
[INFO] [1656345720.011432]: Hello ROS world!Tue Jun 28 00:02:00 2022
[INFO] [1656345720.031306]: Hello ROS world!Tue Jun 28 00:02:00 2022
[INFO] [1656345720.051343]: Hello ROS world!Tue Jun 28 00:02:00 2022
[INFO] [1656345720.071084]: Hello ROS world!Tue Jun 28 00:02:00 2022
[INFO] [1656345720.091029]: Hello ROS world!Tue Jun 28 00:02:00 2022
[INFO] [1656345720.111000]: Hello ROS world!Tue Jun 28 00:02:00 2022
[INFO] [1656345720.130932]: Hello ROS world!Tue Jun 28 00:02:00 2022
```

图4-25

启动订阅者：

```
rosrun example_img listener.py
```

显示如图4-26所示信息,说明完成了信息发布和订阅。

```
[INFO] [1656346011.290480]: Hello ROS world!Tue Jun 28 00:06:51 2022        [INFO] [1656346011.431661]: /listener_7084_16563459938541 received Hello ROS wor
[INFO] [1656346011.310403]: Hello ROS world!Tue Jun 28 00:06:51 2022        ld!Tue Jun 28 00:06:51 2022
[INFO] [1656346011.330648]: Hello ROS world!Tue Jun 28 00:06:51 2022        [INFO] [1656346011.451368]: /listener_7084_16563459938541 received Hello ROS wor
[INFO] [1656346011.351596]: Hello ROS world!Tue Jun 28 00:06:51 2022        ld!Tue Jun 28 00:06:51 2022
[INFO] [1656346011.371256]: Hello ROS world!Tue Jun 28 00:06:51 2022        [INFO] [1656346011.473367]: /listener_7084_16563459938541 received Hello ROS wor
[INFO] [1656346011.391106]: Hello ROS world!Tue Jun 28 00:06:51 2022        ld!Tue Jun 28 00:06:51 2022
[INFO] [1656346011.410600]: Hello ROS world!Tue Jun 28 00:06:51 2022        [INFO] [1656346011.491658]: /listener_7084_16563459938541 received Hello ROS wor
[INFO] [1656346011.430509]: Hello ROS world!Tue Jun 28 00:06:51 2022        ld!Tue Jun 28 00:06:51 2022
[INFO] [1656346011.450379]: Hello ROS world!Tue Jun 28 00:06:51 2022        [INFO] [1656346011.512012]: /listener_7084_16563459938541 received Hello ROS wor
[INFO] [1656346011.471371]: Hello ROS world!Tue Jun 28 00:06:51 2022        ld!Tue Jun 28 00:06:51 2022
[INFO] [1656346011.490868]: Hello ROS world!Tue Jun 28 00:06:51 2022        [INFO] [1656346011.531171]: /listener_7084_16563459938541 received Hello ROS wor
[INFO] [1656346011.511208]: Hello ROS world!Tue Jun 28 00:06:51 2022        ld!Tue Jun 28 00:06:51 2022
[INFO] [1656346011.530437]: Hello ROS world!Tue Jun 28 00:06:51 2022        [INFO] [1656346011.552001]: /listener_7084_16563459938541 received Hello ROS wor
[INFO] [1656346011.551326]: Hello ROS world!Tue Jun 28 00:06:51 2022        ld!Tue Jun 28 00:06:51 2022
```

图4-26

在上述例子中,发布者主要用到了如下几个方法：

(1) rospy. init_node 方法,其功能是注册和初始化节点,参数包括姓名等。

(2) rospy. Publisher 方法,其功能是创建发布者。

图像处理与计算机视觉

（3）publish 方法,其功能是发布消息。

所以对于发布者,其主要流程是创建发布者、初始化节点、发布消息。

而对于订阅者,主要用到了 rospy. Subscriber 方法,其功能是建立订阅者,并指定订阅的 topic 和回调函数。

另外,这里定义了回调函数 callback,其作用是当接收到订阅的消息后,会进入消息回调函数,将所收到的消息输出。还有其他的一些方法,通过这些方法的结合可以完成复杂的任务。

思考与练习题

一、简答题

1. 什么是 rospy?

2. rospy 中如何初始化节点?

3. rospy 中如何建立发布者? 举例说明。

4. rospy 中如何建立订阅者? 举例说明。

5. rospy 中回调函数有什么作用?

二、程序设计题

创建一个完成传递如下信息和当前时间的消息传递功能包,发布者发布如下信息:

"你好,欢迎学习图像处理与计算机视觉这门课"

订阅者通过订阅完成查询信息工作。

试通过程序设计完成这一消息发布和订阅功能。

三、操作题

1. 使用 ros 的相关命令,查看程序设计题中所建立的功能包的组成。

2. 使用 ros 的相关命令,查看程序设计题中所建立的节点信息。

3. 使用 ros 的相关命令,查看程序设计题中话题列表。

4. 使用 ros 的相关命令,查看程序设计题中的计算图,并说明工作流程。

4.6 ROS 中 OpenCV 的安装与使用

4.6.1 摄像头的使用

由于在本节中会使用到摄像头,因此首先需要安装摄像头支持包。在 ros kinetic 中可通过如下命令安装:

```
sudo apt -get install ros -kinetic -usb -cam
```

安装成功后,可通过如下命令打开摄像头,查看是否可以正常使用摄像头:

```
roscore
roslaunch usb_cam usb_cam-test.launch
```

若摄像头正常打开,捕捉画面信息,则说明已经正常安装。若要查看图像的话题信息,可以输入如下命令:

```
rostopic info /usb_cam/image_raw
```

则显示图4-27所示信息,发布者和订阅者分别是/usb_cam 和/image_view.

```
#:~$rostopic info  /usb_cam/image_raw
Type: sensor_msgs/Image

Publishers:
 * /usb_cam (http://192.168.1.120:41571/)

Subscribers:
 * /image_view (http://192.168.1.120:39891/)
```

图4-27

若要查看图像消息,可通过如下命令:

```
rosmsg show sensor_msgs/Image
```

显示如图4-28所示,其中,timestamp 为时间戳,即图像的采集时间;height 和 width 分别为图像的高和宽,单位是整数;data 是图像数据数组;step 是一行的字节数。此外还包括像素编码方式 encoding 等。

```
#:~$rosmsg show sensor_msgs/Image
std_msgs/Header header
   uint32 seq
   time stamp
   string frame_id
uint32 height
uint32 width
string encoding
uint8 is_bigendian
uint32 step
uint8[] data
```

图4-28

由这些参数可以获得未压缩图像的大小,即 step × height 个字节。对于一幅未压缩的图像,其数据等于分辨率与图像深度的乘积。如一张 800 × 600 的 256 色图像,其大小为(800 × 600 × 8)/8 = 480 000 字节。由于未压缩的图像数据量较大,因此数码相机等所采用的一些常用照片格式(如 JPG 等)一般是经过压缩编码的。若要查看压缩图像的消息,可采用如下命令:

```
rosmsg show sensor_msgs/CompressedImage
```

则会显示图 4 – 29 所示信息。

```
#:~$rosmsg show sensor_msgs/CompressedImage
std_msgs/Header header
  uint32 seq
  time stamp
  string frame_id
string format
uint8[] data
```

图 4 – 29

其中,format 是图像格式,如 JPG 等。

4.6.2　ROS 下 OpenCV 的安装

输入以下命令安装 OpenCV:

```
sudo apt – get install ros – kinetic – vision – opencv libopencv –
dev python – opencv
```

将会显示如图 4 – 30 所示的一些信息。

```
正在读取软件包列表... 完成
正在分析软件包的依赖关系树
正在读取状态信息... 完成
将会同时安装下列软件:
  libcv-dev libcvaux-dev libdc1394-22 libdc1394-22-dev libgtkglext1
  libhighgui-dev libilmbase-dev libopencv-calib3d-dev libopencv-calib3d2.4v5
  libopencv-contrib-dev libopencv-contrib2.4v5 libopencv-core-dev
  libopencv-core2.4v5 libopencv-features2d-dev libopencv-features2d2.4v5
  libopencv-flann-dev libopencv-flann2.4v5 libopencv-gpu-dev
  libopencv-gpu2.4v5 libopencv-highgui-dev libopencv-highgui2.4v5
  libopencv-imgproc-dev libopencv-imgproc2.4v5 libopencv-legacy-dev
  libopencv-legacy2.4v5 libopencv-ml-dev libopencv-ml2.4v5
  libopencv-objdetect-dev libopencv-objdetect2.4v5 libopencv-ocl-dev
  libopencv-ocl2.4v5 libopencv-photo-dev libopencv-photo2.4v5
  libopencv-stitching-dev libopencv-stitching2.4v5 libopencv-superres-dev
  libopencv-superres2.4v5 libopencv-ts-dev libopencv-ts2.4v5
  libopencv-video-dev libopencv-video2.4v5 libopencv-videostab-dev
  libopencv-videostab2.4v5 libopencv2.4-java libopencv2.4-jni libopenexr-dev
  libopenexr22 libraw1394-dev libraw1394-tools opencv-data
```

图 4 – 30

但要注意的是,由于在 OpenCV 中,图像的存储形式与 ROS 所采用的图像消息格式有一定的区别,所以需要经过转化才可以互相应用。可以采用 cv_bridge 包完成将这两种不相同的格式联系起来,实现相互转换。其安装方法是,输入以下命令:

```
sudo apt_get install ros_kinetic_cv_bridge
```

如安装成功,则可以编写程序,通过 cv_bridge 实现转换,如图 4 – 31 所示。

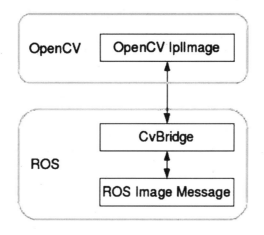

图 4 – 31

在 Python 下两格式的互相转换方法如下：

（1）OpenCV 图像转换为 ROS 所采用的图像消息。可通过如下方式进行转换：

```
from cv_bridge import CvBridge
br = CvBridge()
image_message = br.cv2_to_imgmsg(cv_image, encoding =
"passthrough")
```

上面代码中，首先通过 cv_bridge 引入 CvBridge；其次生成 bridge 对象 br；最后接下来通过调用 cv2_to_imgmsg 方法实现转换。

（2）将 ROS 所采用的图像消息转换为 OpenCV 图像。可通过如下方式进行转换：

```
from cv_bridge import CvBridge
br = CvBridge()
cv_image = br.imgmsg_to_cv2(image_message, desired_encoding =
'passthrough')
```

上面代码中，首先通过 cv_bridge 引入 CvBridge；其次生成 bridge 对象 br；最后通过调用 imgmsg_to_cv2 方法实现转换。

4.6.3　摄像机标定

在使用摄像机时，一般需要对其进行标定。摄像机标定的目的是获取摄像机的模型参数。其原理是通过建立摄像机图像像素位置与场景点位置之间的关系，由已知特征点的图像坐标和世界坐标依据摄像机模型获得参数。目前摄像机标定的常用方法是棋盘法。

图 4 – 32 所示为常用的棋盘，摄像机标定的基本步骤为：

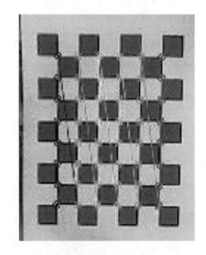

棋盘格   摄像机标定过程图

图 4 – 32

①制作棋盘格；

②使用摄像机从不同角度对棋盘格进行拍摄；

③检测出棋盘格图像中的特征；

④依据特征获取摄像机参数等；

⑤求出畸变系数，并优化。

在使用不同的摄像头类型（如单目摄像头、双目摄像头等）时，如需对其标定，可采用 ros 中的 camera_calibration 功能包。这个包可以实现对单目或双目摄像头的标定，所用方法是棋盘法。它实际上采用的是 OpenCV 的摄像头标定方法。

对于单目摄像头的标定，可以采用如下方法：

```
rosrun camera_calibration cameracalibrator.py - - size 8x6 - -
square 0.108 image: = /my_camera/image camera: = /my_camera
```

其中，cameracalibrator. py 是标定文件；参数 - - size 是棋盘大小，指的是内部角点的数量；- - square 指的是每个棋盘格的边长，单位是米。如上命令中，其参数分别包括棋盘大小为 8 × 6，每个棋盘格的边长为 108 mm。在实际应用中，这些参数要与实际应用的棋盘相符。

对于双目摄像头的标定，可采用如下方法：

```
rosrun camera_calibration cameracalibrator.py - - size 8x6 - -
square 0.108 right: = /my_stereo/right/image_raw left: = /my_stereo/
left/image_raw left_camera: = /my_stereo/left right_camera: = /my_
stereo/right
```

由于双目摄像头包含左右两个单目摄像头，因此需要包含左右两个摄像头参数。在摄像头标定的过程中，需要将摄像头视野中的棋盘格标定靶不断地上下、左右、前后移动和进行倾斜,直到完成标定。

图 4 – 33 所示是对单目摄像头采用大小为 8 ×6 的棋盘进行标定的过程中的部分效果图。

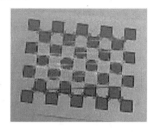  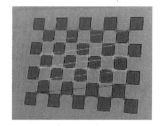

图 4 – 33

思考与练习题

一、简答题

1. 什么是摄像机标定?

2. 简述摄像机标定的主要流程。

二、操作题

完成对单目摄像机的标定。

第5章 深度学习概述

使机器具有像人类一样的智能,替代人类完成工作是人工智能领域的科研人员过去几十年的研究目标之一。经过多年的研究,已经取得了一定的进展。尤其是近年来随着机器学习技术的发展,越来越多的机器学习技术被应用在生活的各个领域。深度学习技术被《麻省理工科技评论》评为 2013 年"全球十大突破性技术",之后深度学习的研究和应用得到了迅速的发展。随着无人驾驶技术的发展,强化学习被评为 2017 年"全球十大突破性技术"。人工智能技术发展至今经历了怎样的历程,深度学习、机器学习和人工智能之间是怎样的关系,都是值得关注的问题。

5.1 人工智能、神经网络与深度学习

5.1.1 人工智能

对于什么是智能,目前还没有确切的定义。一般认为,智能与思维和知识有关。人工智能是使得机器(系统)具有类似于人的智慧,即能够像人类一样思考,像人类一样做出理性行为。人类科学技术的发展过程中,一些相关学科和技术的发展为人工智能的出现奠定了一定的基础,如逻辑、概率论、计算机硬件、算法、语言学、心理学等。麦卡洛克·皮特斯提出了神经元模型,简称 MP 模型。明斯基和埃德蒙兹建立了神经网络计算机 SNARC。

世界上第一台电子计算机"阿塔纳索夫 – 贝瑞计算机(Atanasoff – Berry Computer, ABC)"(图 5 – 1)的出现,以及第一台通用计算机——电子数字积分计算机(Electronic Numerical Integrator and Computer, ENIAC)的出现,为人工智能的相关研究和应用提供了工具。

图 5 – 1

1956年在美国达特茅斯大学召开的讨论机器智能问题的学术会议上,麦卡锡提出了"人工智能"这一术语,这代表着人工智能学科的诞生。1956年以后,人工智能的研究发展经历了多次起伏。其研究内容主要包括以下几个方面:知识表示、机器感知、机器思维、机器学习、机器行为。

(1)知识表示。人们习惯说通过学习掌握知识,那么什么是知识?一般认为知识指"人们在改造世界的实践中所获得的认识和经验的总和"。

人工智能学家费根鲍姆认为:知识是信息经过整理、解释、挑选和改造而成的。使机器能够拥有人类具有的知识,尤其是特定领域的知识,是实现智能行为的主要手段。

人工智能实现的一个基本思想是研究人类的思维规律,并将人类思维应用于机器,这离不开知识。

知识包括事实性知识、过程性知识、行为性知识、实例性知识、类比性知识以及元知识等。举例来说,事实性知识包括牛有四条腿、每天是24小时等;过程性知识包括使用洗衣机的基本流程、汽车启动的基本操作方法等。

知识表示指的是将人类知识形式化或者模型化。常用的包括符号表示法和连接机制表示法。具体而言,主要的知识表示方法包括基于谓词逻辑的表示方法、基于语义网络的表示方法、基于框架的表示方法和基于过程的表示方法等。

(2)机器感知。人类可以通过听觉、视觉、触觉系统等感知外部的世界。机器感知研究的是如何使机器可以听得见、看得到外部的世界,像人一样具有感知能力,目前主要研究包括机器视觉(计算机视觉)和机器听觉。

以视觉为例,通过单目、双目、红外、激光等多种传感设备可以感知外部环境信息。

(3)机器思维。机器思维即让机器像人类一样去思考。以机器人为例,机器人感知外部环境信息,利用感知得到的外部环境信息和机器人内部状态的各种信息,针对任务进行有目的的处理,进而依据任务完成决策,进行运动规划和任务规划,最终完成任务。

(4)机器学习。人类具有学习的能力,同样希望机器具有自我学习的能力。机器学习就是研究如何使计算机像人类一样具有学习能力,能够自主完成学习,获取知识或技能。

机器学习是近年研究和应用的热点,在很多领域取得了成功。近年来人工智能的快速发展与机器学习,尤其是深度学习的发展有很大的关系。

(5)机器行为。机器行为指机器像人类一样具有行为的能力,如"写字""说话"。以机器人为例,机器人可以替代人完成工作,如繁重的体力劳动等,还可以朗读课文等。

以上几个方面是人工智能典型的研究内容,实际上研究内容不仅限于这些。

人工智能的发展不是一帆风顺的,如早期的机器翻译研究、神经网络相关研究等都曾经出现过低谷。

近年来,人工智能快速发展,尤其是机器学习、深度学习的应用日益广泛。机器学习的主要研究内容是如何使机器(计算机)像人一样具有学习能力,使得机器(计算机)具有决策、推理、认知和识别等能力。机器学习通常通过使用训练数据或过去的经验优化性能。深度学习是近些年研究和应用的热点,在语音识别、图像分类、目标检测、自动驾驶、自然语言处理、医疗结果分析、机器人控制以及计算生物学等很多领域都得到了应用。深度学习以神经网络为基础,是机器学习方法中的一种。人工智能、机器学习和深度学习三者之间的关系如图 5-2 所示。

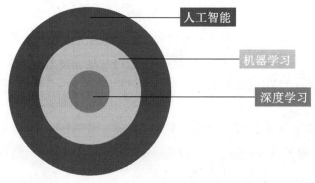

图 5-2

由于深度学习以人工神经网络为基础,因此要了解深度学习,有必要了解神经网络。

5.1.2 神经网络

人工神经网络模拟人类神经系统,神经系统的基本结构和功能单位是神经元。西班牙神经学家圣地亚哥·拉蒙 – 卡哈尔认为神经网络包含许多独立的神经细胞个体(神经元),各神经元之间通过接触点(突触)连接。图 5-3 所示为神经元的组成。

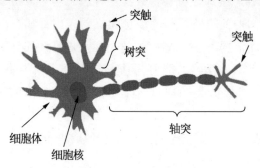

图 5-3

卡洛克·皮特斯提出了神经元模型,简称 MP 模型,如图 5-4 所示。

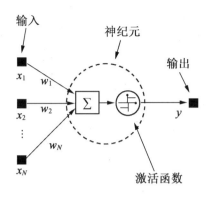

图 5 - 4

罗森布拉特(Rosenblat)在 20 世纪 50 年代提出了感知机,感知机的简化模型如图 5 - 5 所示。

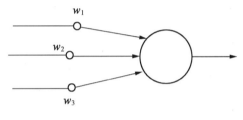

图 5 - 5

感知机的原理:$x_1, x_2, \cdots, x_n$ 为多个输入,w_1, w_2, w_3 为一组权重,输出与输入和权重的关系为

$$y = \begin{cases} 0, & \sum_i x_i w_i \leqslant t \\ 1, & \sum_i x_i w_i > t \end{cases} \tag{1}$$

式中,t 是阈值;x_i 是二进制输入,对于一组二进制输入,会输出 0 或者 1。

举例来说,假设医生判断一个病人是否患有某种疾病,如肠炎,可通过腹泻、呕吐、发热三个症状来决定。

①是否腹泻;

②是否呕吐;

③是否发热。

这三个症状是判断病人是否患病的因素,对应可用 x_1, x_2, x_3 表示。$x_1 = 1$ 表示腹泻,$x_1 = 0$ 表示不腹泻;$x_2 = 1$ 表示呕吐,$x_2 = 0$ 表示不呕吐;$x_3 = 1$ 表示发热,$x_3 = 0$ 表示不发热。

另外,对于判断是否患肠炎,腹泻、呕吐、发热这三个方面的权重不同。腹泻是主要症状,呕吐、发热是次要症状。可令 $w_1 = 6, w_2 = 3, w_3 = 1, t = 7$,则当满足腹泻、呕吐,或者腹泻、发热,或者腹泻、呕吐、发热时可判断为肠炎。而只有某一症状,或者只有呕吐、发热不能判断为肠炎。

设只有三个输入,可令 $b = -t$,b 称为偏置。则公式(1)可表示为

$$y = \begin{cases} 0, & x_1w_1 + x_2w_2 + x_3w_3 + b \leqslant 0 \\ 1, & x_1w_1 + x_2w_2 + x_3w_3 + b > 0 \end{cases} \tag{2}$$

通过将多个感知机的叠加可以构成多层感知机(multi-layered perceptron),多层感知机图如图 5-6 所示。

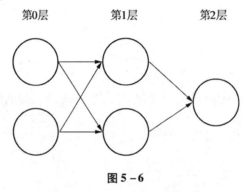

图 5-6

1974 年,保罗·沃波斯(Paul Werbos)提出了反向传播算法(Backpropagation Algorithm,BPA),其基本思想是通过外界输入样本,不断改变网络的权重,从而使输出越来越接近期望值,是一种利用计算结果误差来调整参数的方法。其主要由两个环节所组成:正向传递和反向传播。

(1)正向传递。在正向传递的过程中,神经网络的输入依次经由输入层、隐含层、输出层,其中某一层神经元的状态只会影响下一层。

(2)反向传播。通过计算输出层的误差,反向传播进而来修正各层的权重,重复这一过程,直到满足期望值。

BP 神经网络模型包括输入层(input)、隐藏层(hide layer)和输出层(output layer),如图 5-7 所示。

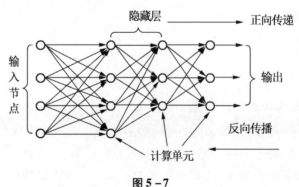

图 5-7

如图 5-8 所示,神经网络通常是一个包含输入层、隐藏层和输出层的结构。

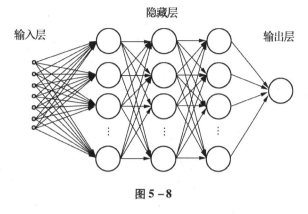

图 5-8

激活函数:激活函数是作用于神经网络神经元输出的函数,其主要功能是在神经网络中去线性化等,如图 5-9 所示。在式(2)中,若令 $z = x_1 w_1 + x_2 w_2 + x_3 w_3 + b$,则 $\sigma(z)$ 为激活函数。

常用的激活函数包括多种,如 sigmoid 函数、relu 函数等。图 5-10 所示为 sigmoid 函数及其曲线

$$\sigma(z) = \frac{1}{1 + \mathrm{e}^{-z}}$$

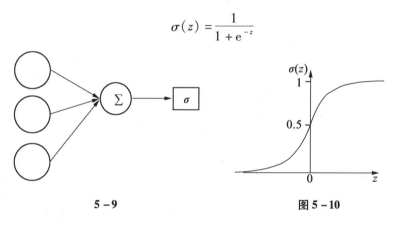

5-9   图 5-10

早期的神经网络多为浅层神经网络,即层数很少的神经网络。深层神经网络指的是包含很多层的神经网络。

5.1.3 深度学习

深度学习指的是使用深层神经网络的机器学习。近年来,神经网络的研究和应用日益成熟,出现了卷积神经网络(Convolutional Neural Network,CNN)、循环神经网络(Recurrent Neural Network,RNN)、长短期记忆网络(Long Short - Term Memory Network,LSTM)等。

2012 年,亚历克斯·克里泽夫斯基(Alex Krizhevsky)、辛顿等提出了 AlexNet 神经网络,通过建立一个大型深度卷积神经网络在图像识别大赛取得了冠军。

牛津大学计算机视觉组等于 2014 年推出了 VGGNet,它形式上比较简单,但相对于 AlexNet 具有更多层,是一种更深的神经网络。如图 5 – 11 所示,VGGNet 目前在图像分类、目标检测领域仍有一定的应用。它由多个卷积层、全连接层、池化层和 softmax 层等构成,使用了更小的卷积核,效果更好。

微软研究院在 2015 年提出了深度残差网络(Residual Network, ResNet),ResNet 使用残差连接(skip connection)应对梯度消失问题,获得了比较好的效果。

2017 年 6 月谷歌推出了 Transformer 模型,这种应用注意力机制的方法最初主要应用于自然语言处理。但随着时间的推移,人们发现这种模型在图像分类等领域也能取得很好的效果。

ConvNet Configuration					
A	A-LRN	B	C	D	E
11weight layers	11weight layers	13weight layers	16weight layers	16weight layers	19weight layers
input(224×224RGB image)					
conv3-64	conv3-64 LRN	conv3-64 conv3-64	conv3-64 conv3-64	conv3-64 conv3-64	conv3-64 conv3-64
maxpool					
conv3-128	conv3-128	conv3-128 conv3-128	conv3-128 conv3-128	conv3-128 conv3-128	conv3-128 conv3-128
maxpool					
conv3-256 conv3-256	conv3-256 conv3-256	conv3-256 conv3-256	conv3-256 conv3-256 conv3-256	conv3-256 conv3-256 conv3-256	conv3-256 conv3-256 conv3-256 conv3-256
maxpool					
conv3-512 conv3-512	conv3-512 conv3-512	conv3-512 conv3-512	conv3-512 conv3-512 conv3-512	conv3-512 conv3-512 conv3-512	conv3-512 conv3-512 conv3-512 conv3-512
maxpool					
conv3-512 conv3-512	conv3-512 conv3-512	conv3-512 conv3-512	conv3-512 conv3-512 conv3-512	conv3-512 conv3-512 conv3-512	conv3-512 conv3-512 conv3-512 conv3-512
maxpool					
FC-4096					
FC-4096					
FC-1000					
soft-max					

图 5 – 11

思考与练习题

1. 什么是人工智能?人工智能的主要研究内容有哪些?

2. 知识包括哪几种类型?

3. 简述感知机的基本原理。

4. 查阅文献,以人工智能技术在人类社会中某一领域的应用为例撰写研究报告。

5.2　Pandas

目前比较流行的深度学习工具包括 Berkeley 深度学习框架 Caffe、谷歌的 TensorFlow、微软的 CNTK、Facebook 的 PyTorch,国内有百度的 PaddlePaddle 等。Python 是深度学习常用的语言。对于基于深度学习的图像处理,还需要 Numpy、Pandas 等工具的支持。

对于图像数据或者在机器学习中应用到到一些样本数据,Numpy 是比较常用的存储和处理工具。但是,对于原始采集得到的样本数据,通常会存在一些问题,比如数据缺失、重复等,一般需要进行数据的预处理,而 Pandas 是常用的数据预处理工具。

Pandas 是基于 Numpy 所构建的。采集的数据不仅包括数值处理,可能还包括字符串、时间序列等。Numpy 主要处理的是数值数据,而 Pandas 则更适合处理表格或混杂数据。

5.2.1　Pandas 安装

安装好 Python 后,以下命令可以实现 Pandas 的安装:

```
pip install pandas
```

安装成功后,可通过输入以下命令检查是否安装成功:

```
import pandas
pandas.__version__
```

如图 5 – 12 所示则安装成功。

```
In [2]:    1  import pandas
           2  pandas.__version__

Out[2]:  '0.20.3'
```

图 5 – 12

5.2.2　Pandas 的数据结构

Pandas 包括两种主要数据结构,分别是 Series 及 DataFrame。其应用主要依赖于这两种结构。

Series 序列由一组数据和对应的标签(索引)组成,如图 5 – 13 所示。

左侧为一组标签,右侧为一组数据。

DataFrame 是一类表格型的结构,其含有一组有序的列,列值的类型可以是不同的,形式上表现为表格,如图 5 – 14 所示。

	Age	Name
0	18	Tom
1	34	Jack
2	19	Mike
3	42	Rose

0   10

1   27

2   35

3   3

dtype：int64

图 5－13   图 5－14

5.2.3 Pandas 的使用

（1）Series 的创建和使用。

```
pandas.Series(data, index, dtype, name, copy, fastpath)
```

其中常用的参数包括 data、index、name、dtype 等，分别表示输入数据、索引值、名称和数据类型等。可直接由一组数据生成 Series 对象，例如：

```
import pandas as pd
s = pd.Series([1,3,5,8])
```

如果 Series 方法未指定数据，则可以建立空 Series 对象：

```
import pandas as pd
s = pd.Series([1,3,5,8])
print(s.index)
print(s.values)
```

若要访问索引和数据，可以通过 index 和 values 属性来进行访问。

Series 可以通过指定数据和索引等参数生成，举例如下：

```
import pandas as pd
s = pd.Series(data =[1,3,5,8],index =["a","b","c","d"])
print(s)
```

参数也可以包含类型和名称等，一个较为完整的例子如下：

```
import pandas as pd
data = [10,20,30]
s = pd.Series(data,index =["a","b","c"],name ="Serias ",dtype
="object")
print(s)
```

如用户需要访问数据，可通过索引值进行访问，如下例：

```
import pandas as pd
s = pd.Series(data =[1,3,5,8],index =["a","b","c","d"])
print(s["c"])
```

Series 对象也可以由字典直接创建,方法如下:

```
import pandas as pd
data = {"name":"Tom","age":45,"sex":"Male"}
s = pd.Series(data)
print(s)
```

既可以使用 Series 的 loc( )方法来通过索引获得行数据,也可以使用 iloc( )方法通过行号索引数据,如下例所示:

```
import pandas as pd
data = [10,20,30]
s = pd.Series(data,index =["a","b","c"],name = "Serias ",dtype
="object")
print(s)
print(s.loc["b"])
print(s.iloc[1])
```

(2)DataFrame 对象的建立和使用。DataFrame 由一组有序的列组成,其基本形式类似于数据库中的二维表,下面介绍一下它的使用方法。创建 DataFrame 对象的语法如下:

```
pandas.DataFrame( data, index, columns, dtype, copy)
```

主要参数包括数据、索引(行标签)、列标签(列名)以及每一列的数据类型等。创建空的 DataFrame 对象的方法如下:

```
import pandas as pd
data = pd.DataFrame()
print(data)
```

可以由列表创建 DataFrame 对象,方法如下:

```
import pandas as pd
data1 = ["Tom","Jack","Rose","Mike"]
dataf = pd.DataFrame(data,columns =["Name"])
print(dataf)
```

其中通过 columns 指定属性名(列名),通过 data 指定列数据。

一个较为完整例子如下,这个例子包含一所学校各年份入学考试科目成绩。

```
data = {'考试科目': ['语文', '语文', '语文', '数学', '数学', '数学'],
'入学年份': [2019, 2020, 2021, 2019, 2020, 2021],
'平均分': [85, 75, 76, 84, 88, 76]}
df = pd.DataFrame(data, columns = ['入学年份', '考试科目', '平均分'],
index = ['记录1', '记录2', '记录3', '记录4', '记录5', '记录6'])
print(df)
```

则会显示图 5 – 15 所示信息。

```
In [72]:    1  data = {'考试科目': ['语文', '语文', '语文', '数学', '数学', '数学'],
            2  '入学年份': [2019, 2020, 2021, 2019, 2020, 2021],
            3  '平均分': [85, 75, 76, 84, 88, 76]]
            4  df = pd.DataFrame(data, columns=['入学年份', '考试科目', '平均分'],index=['记录1', '记
            5  print(df)

                    入学年份  考试科目  平均分
            记录1    2019    语文    85
            记录2    2020    语文    75
            记录3    2021    语文    76
            记录4    2019    数学    84
            记录5    2020    数学    88
            记录6    2021    数学    76
```

图 5 – 15

DataFrame 对象的常用属性的使用方法如图 5 – 16 所示。

```
:    1  print('索引:', df.index)          #返回索引值
     2  print('列名:', df.columns)        #返回列名
     3  print('类型:', df.dtypes)         #返回列类型
     4  print('数据值:', df.values)       #返回数据数值

索引: Index(['记录1', '记录2', '记录3', '记录4', '记录5', '记录6'], dtype='object')
列名: Index(['入学年份', '考试科目', '平均分'], dtype='object')
类型: 入学年份      int64
考试科目        object
平均分         int64
dtype: object
数据值: [[2019 '语文' 85]
 [2020 '语文' 75]
 [2021 '语文' 76]
 [2019 '数学' 84]
 [2020 '数学' 88]
 [2021 '数学' 76]]
```

图 5 – 16

若需要对某一列、某一行或者某几行数据进行查询,可用如图 5 – 17 所示方法。

```
In [109]:    1  print(df['考试科目'])              #按列名获得索引数据
             2  print(df.iloc[1])                #按行号获得索引数据
             3  print(df.head())      #输出前5行数据
             4  print(df.tail(2))      #输出后2行数据
```

```
记录1      语文
记录2      语文
记录3      语文
记录4      数学
记录5      数学
记录6      数学
Name: 考试科目, dtype: object
入学年份      2020
考试科目        语文
平均分          75
Name: 记录2, dtype: object
         入学年份 考试科目  平均分
记录1    2019    语文      85
记录2    2020    语文      75
记录3    2021    语文      76
记录4    2019    数学      84
记录5    2020    数学      88
         入学年份 考试科目  平均分
记录5    2020    数学      88
记录6    2021    数学      76
```

图 5 – 17

5.2.4 应用 Pandas 进行用户数据预处理

设有如图 5 – 18 所示数据,保存为文件 salary – data. csv。则可通过调用 read_csv 方法打开,并实现如下:

```
import pandas as pd
df = pd.read_csv('salary - data.csv')
print(df)
```

```
emp_id, name, age, salary
1001, Tom, 34, 1000
1002, Jack, 23, —
1003, Mike, NaN, 850
1004, Rose, 44, 5000
, Alice, 26,
1002, Kevin, 19, 800
1008, Tom, 34, 1000
1009, Monica, 55,
10010, Lucy, 35, 3800
10010, Lucy, 35, 3800
1008, Tom, 34, 1000
```

图 5 – 18

则可显示图 5 – 19 所示信息。

```
In [134]:   1  import pandas as pd
            2  df = pd.read_csv('salary-data.csv')
            3  print(df)
```

```
      emp_id    name    age  salary
0     1001.0    Tom     34.0   1000
1     1002.0    Jack    23.0    —
2     1003.0    Mike    NaN     850
3     1004.0    Rose    44.0   5000
4      NaN     Alice   26.0    NaN
5     1002.0   Kevin   19.0    800
6     1008.0    Tom     34.0   1000
7     1009.0   Monica  55.0    NaN
8    10010.0   Lucy    35.0   3800
9    10010.0   Lucy    35.0   3800
10    1008.0    Tom     34.0   1000
```

图 5 – 19

可以发现这里有一些空值数据、重复数据和不一致数据等。可以采用 Pandas 对其进行预处理。首先查看空值数据,通过使用 isnull( )方法可以判断哪些为空,输入如下语句:

```
df.isnull()
```

则可以判断哪些数据是空的,如图 5 – 20 所示。

```
In [135]:   1  df.isnull()

Out[135]:
```

	emp_id	name	age	salary
0	False	False	False	False
1	False	False	False	False
2	False	False	True	False
3	False	False	False	False
4	True	False	False	True
5	False	False	False	False
6	False	False	False	False
7	False	False	False	True
8	False	False	False	False
9	False	False	False	False
10	False	False	False	False

图 5 – 20

可以看到图中包含一些空值数据,若要处理,一种方式是填充,可采用如下方法:

```
df_filled = df.fillna({"emp_id":10021,"age":18,"salary":800},
limit=1,inplace=False)
print(df_filled)
```

其中 fillna()方法可以实现填充,显示如图5－21所示结果。

In [156]:
```
1  df_filled = df.fillna({"emp_id":10021,"age":18,"salary":800},limit=1,inplace=False)
2  print(df_filled)
```

```
      emp_id    name    age  salary
0     1001.0    Tom    34.0   1000
1     1002.0    Jack   23.0    --
2     1003.0    Mike   18.0    850
3     1004.0    Rose   44.0   5000
4    10021.0    Alice  26.0    800
5     1002.0    Kevin  19.0    800
6     1008.0    Tom    34.0   1000
7     1009.0    Monica 55.0    NaN
8    10010.0    Lucy   35.0   3800
9    10010.0    Lucy   35.0   3800
10    1008.0    Tom    34.0   1000
```

图5－21

另一种方式是删除包含空值数据的行,可采用如下方式:

```
df_droped = df.dropna()
print(df_droped)
```

方法 dropna()可以实现空值数据的清洗,显示如图5－22所示结果。

In [136]:
```
1  df_droped = df.dropna()
2  print(df_droped)
```

```
      emp_id    name    age  salary
0     1001.0    Tom    34.0   1000
1     1002.0    Jack   23.0    --
3     1004.0    Rose   44.0   5000
5     1002.0    Kevin  19.0    800
6     1008.0    Tom    34.0   1000
8    10010.0    Lucy   35.0   3800
9    10010.0    Lucy   35.0   3800
10    1008.0    Tom    34.0   1000
```

图5－22

观察上面数据,发现有数据重复记录。对于重复记录的判断,可以通过如下方式:

```
data_duplicated = df_droped.duplicated()  #判断是否有重复数据记录
print(data_duplicated)
```

duplicated()方法可以判断数据是否重复记录,显示如图5－23所示结果。

```
In [139]:    1  data_duplicated = df_droped.duplicated()  # 判断是否有重复数据记录
             2  print(data_duplicated)
```

```
0      False
1      False
3      False
5      False
6      False
8      False
9       True
10      True
dtype: bool
```

图 5 – 23

若要去除重复记录,可采用如下方法:

```
data_nodup = df_droped.drop_duplicates()
print(data_nodup)
```

drop_duplicates( )方法可以去除重复记录,显示如图 5 – 24 所示结果。

```
In [144]:    1  data_nodup = df_droped.drop_duplicates()
             2  print(data_nodup)
```

```
      emp_id   name   age  salary
0     1001.0    Tom  34.0    1000
1     1002.0   Jack  23.0     ---
3     1004.0   Rose  44.0    5000
5     1002.0  Kevin  19.0     800
6     1008.0    Tom  34.0    1000
8    10010.0   Lucy  35.0    3800
```

图 5 – 24

可见已去除重复记录。另外观察到索引为 1 的记录其 salary 值异常,可以通过如下方式进行修改替换:

```
res = data_nodup.replace("--",1200)
```

则会显示如图 5 – 25 所示结果。

```
In [155]:    1  res = data_nodup.replace("--",1200)
             2  print(res)
```

```
      emp_id   name   age  salary
0     1001.0    Tom  34.0    1000
1     1002.0   Jack  23.0    1200
3     1004.0   Rose  44.0    5000
5     1002.0  Kevin  19.0     800
6     1008.0    Tom  34.0    1000
8    10010.0   Lucy  35.0    3800
```

图 5 – 25

思考与练习题

一、思考题

1. 什么是 Pandas？

2. Pandas 主要包括哪些数据类型？

二、程序设计题

1. 设有字典如下，试将此字典数据创建为 DataFrame 对象。

{′专业′：［′计算机科学与技术′，′计算机科学与技术′，′计算机科学与技术′，′软件工程′，′软件工程′，′软件工程′］，′入学时间′：［2009，2010，2011，2009，2010，2020］}

2. 试将如下列表数据建立为 Series 对象。

［1，2，3，4，5，6，7，8，9］

3. 设有图 5-26 所示数据，保存为 stu_data. csv 文件，试完成如下工作：

（1）打开文件，并依据列表建立 DataFrame 对象；

（2）找到空值，填充数据，其中列 sno 填充为 21 000，age 填充为 18，score 填充为 60；

（3）删除空值数据所在的行；

（4）查看是否有重复的行，如有则删除；

（5）查看是否有异常的数据，如有则替换。

sno	name	age	score
21001	Tom	24	100
21002	Jack	23	--
21003	Mike	NaN	85
21004	Rose	44	50
	Alice	26	
21002	Kevin	19	80
21008	Tom .	24	100
21009	Monica	55	
210010	Lucy	35	88
210010	Lucy	35	88
21008	Tom	24	1000

图 5-26

5.3   scikit – learn

5.3.1   scikit – learn 简介

scikit – learn 一般称为 sklearn,是一个基于 Python 开源的机器学习工具包,它包含机器学习几乎所有常见的算法。它是基于 NumPy、SciPy 和 Matplotlib 等的机器学习工具,不仅提供了常见的一些机器学习算法,还提供了数据预处理和模型选择等工具。具体来说,sklearn 的主要支持算法包括:分类、回归、降维和聚类等四大机器学习算法。sklearn 还支持如下功能:特征提取、数据处理和模型评估。

详细信息如下:

sklearn 中提供了对多数机器学习算法的支持,并且具有机器学习所需的数据预处理、模型训练、测试和评估等常用功能模块。

sklearn 包含的常见机器学习算法主要有:

回归算法:包括线性回归、主成分分析(PCA)等。

分类(Classification)算法:主要包括支持向量机(SVM)、神经网络(ANN)、k – nearest neighbors(k 近邻)、logistic 回归、随机森林算法等。

聚类(Clustering)算法:包括 k – 均值(k – Means)算法和基于密度的聚类(DBSCAN)算法等。

模型选择及评估:选择参数和模型。

sklearn 库下的 datasets 模块集成了部分数据分析的经典数据集(表 5 – 1),可以使用这些数据集进行数据预处理、建模等操作。

表 5 – 1   sklearn 库下 datasets 模块包含的部分数据集

数据集名称	数据集加载所用方法
波士顿房价数据集	load_ boston( )
加州住房数据集	fetch_california_housing( )
手写数字数据集	load_digits( )
乳腺癌数据集	load_breast_cancer( )
鸢尾花数据集	load_iris( )
葡萄酒数据集	load_wine( )

如上所示,sklearn. datasets 模块提供了一系列加载和获取著名数据集(如鸢尾花、波

士顿房价等数据集)的工具。

5.3.2 scikit-learn 用法

scikit-learn 的符号标记介绍如下:

①X_train:训练数据。

②y_train:训练集标签。

③X_test:测试数据。

④y_test:测试集标签。

⑤X:完整数据。

⑥y:数据标签。

1. 数据建模的流程

(1)读取数据。通过下面命令导入数据集模块,并应用加载函数加载某一数据集数据。

```
from sklearn import datasets
```

(2)通过如下形式的一些命令导入数据预处理部分所需模块,并应用对应函数完成对数据集数据的预处理,如数据标准化、数据降维等。

```
from sklearn.preprocessing import StandardScaler
from sklearn.decomposition import PCA
```

(3)将数据划分为训练集、测试集,即选择合适的比例,划分数据集为训练集和测试集。

将完整数据集的70%作为训练集,30%作为测试集的命令如下:

```
from sklearn.model_selection import train_test_split
X_train, X_test, y_train, y_test = train_test_split(X, y, random
_state=12, stratify=y, test_size=0.3)
```

(4)选择一种适当的模型,进行建模、训练。

部分常见的导入模型语句如下:

```
from sklearn.linear_model import LinearRegression      #线性回归
from sklearn.linear_model import LogisticRegression    #逻辑回归
from sklearn.svm import SVC                #支持向量机分类
from sklearn.cluster import Kmeans,    #k-means 聚类
```

以线性回归为例,完整流程如下:

```
from sklearn.linear_model import LinearRegression
```

建立模型实例:

```
lr_model = LinearRegression(normalize=True)
```

对模型进行训练:

```
lr_model.fit(X_train, y_train)
```

应用训练好的模型对测试数据进行预测:

```
y_predict = lr_model.predict(X_test)
```

(5)模型评估。

```
from sklearn import metrics
```

接下来,通过一些实例来说明 sklearn 的使用方法。

2. 数据集的应用

```
①from sklearn import datasets
②b = datasets.load_boston()
print(b.keys())
③digits = datasets.load_digits()
print(digits.keys())
```

在①处,导入了 sklearn 下的数据集。在②处,加载 boston 房价数据集。在③处,加载手写数据集。执行结果如图 5-27 所示,可以查看到两个数据集的属性信息。

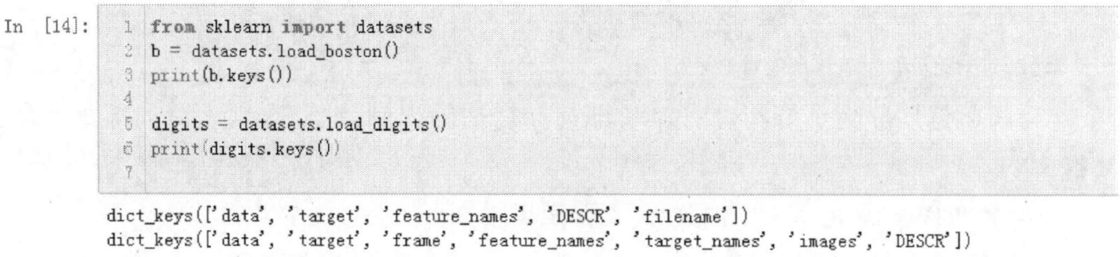

```
In [14]:   1  from sklearn import datasets
           2  b = datasets.load_boston()
           3  print(b.keys())
           4
           5  digits = datasets.load_digits()
           6  print(digits.keys())
           7

dict_keys(['data', 'target', 'feature_names', 'DESCR', 'filename'])
dict_keys(['data', 'target', 'frame', 'feature_names', 'target_names', 'images', 'DESCR'])
```

图 5-27

接下来,以手写数据集为例来看以下这些属性的具体含义。首先来看属性"DESCR"的应用,代码如下:

```
from sklearn import datasets
digits = datasets.load_digits()
①print(digits.DESCR)
```

在①处,获取了数据集的描述信息。数据集样本数为 1 797,每个样本属性数为 64,对应到一个 8×8 像素点组成的矩阵,每一个值是其灰度值。

数据集包含10类手写数字图像,其中每个类对应一个数字。此外,还包括数据集地址、参考文献等信息,如图 5-28 所示。

```
In [23]:    1  from sklearn import datasets
            2  digits = datasets.load_digits()
            3  print(digits.DESCR)
```

.. _digits_dataset:

Optical recognition of handwritten digits dataset

Data Set Characteristics:

　　:Number of Instances: 1797
　　:Number of Attributes: 64
　　:Attribute Information: 8x8 image of integer pixels in the range 0..16.
　　:Missing Attribute Values: None
　　:Creator: E. Alpaydin (alpaydin '@' boun. edu. tr)
　　:Date: July; 1998

This is a copy of the test set of the UCI ML hand-written digits datasets
https://archive.ics.uci.edu/ml/datasets/Optical+Recognition+of+Handwritten+Digits

The data set contains images of hand-written digits: 10 classes where
each class refers to a digit.

Preprocessing programs made available by NIST were used to extract
normalized bitmaps of handwritten digits from a preprinted form. From a
total of 43 people, 30 contributed to the training set and different 13
to the test set. 32x32 bitmaps are divided into nonoverlapping blocks of
4x4 and the number of on pixels are counted in each block. This generates
an input matrix of 8x8 where each element is an integer in the range
0..16. This reduces dimensionality and gives invariance to small
distortions.

图 5 – 28

（1）属性"data"。

①x = digits.data

②print(x.shape)

③print(x)

在①处，定义变量 x 获取了数据集的数据。在②、③处，查寻数据集的形态和数据，显示如图 5 – 29 所示。

```
In [27]:    1  x= digits.data
            2  print(x.shape)
            3  print(x)
```

```
(1797, 64)
[[ 0.  0.  5. ...  0.  0.  0.]
 [ 0.  0.  0. ... 10.  0.  0.]
 [ 0.  0.  0. ... 16.  9.  0.]
 ...
 [ 0.  0.  1. ...  6.  0.  0.]
 [ 0.  0.  2. ... 12.  0.  0.]
 [ 0.  0. 10. ... 12.  1.  0.]]
```

图 5 – 29

（2）属性"target"。

```
from sklearn import datasets
digits = datasets.load_digits()
①print(len(digits.target))
②print(digits.target)
```

在①处，查看标签的数量，在②处，查看标签的值，显示如图 5-30 所示。可以看到，共 1 797 个标签，对应 1 797 个样本。

```
In [33]:  1  from sklearn import datasets
          2  digits = datasets.load_digits()
          3  print(len(digits.target))
          4  print(digits.target)

1797
[0 1 2 ... 8 9 8]
```

图 5-30

（3）属性"target_names"。

```
①print(digits.target_names)
```

在①处，查看数据集中样本对应标签的名称，如图 5-31 所示。

```
In [35]:  1  print(digits.target_names)

[0 1 2 3 4 5 6 7 8 9]
```

图 5-31

（4）属性"feature_names"。

```
print(digits.feature_names)
```

结果如图 5-32 所示。

```
In [39]:  1  print(digits.feature_names)

['pixel_0_0', 'pixel_0_1', 'pixel_0_2', 'pixel_0_3', 'pixel_0_4', 'pixel_0_5', 'pixel_0_6', 'pixel_0_7', 'pixel_1_0', 'pixel_1_1', 'pixel_1_
2', 'pixel_1_3', 'pixel_1_4', 'pixel_1_5', 'pixel_1_6', 'pixel_1_7', 'pixel_2_0', 'pixel_2_1', 'pixel_2_2', 'pixel_2_3', 'pixel_2_4', 'pixel
_2_5', 'pixel_2_6', 'pixel_2_7', 'pixel_3_0', 'pixel_3_1', 'pixel_3_2', 'pixel_3_3', 'pixel_3_4', 'pixel_3_5', 'pixel_3_6', 'pixel_3_7', 'pi
xel_4_0', 'pixel_4_1', 'pixel_4_2', 'pixel_4_3', 'pixel_4_4', 'pixel_4_5', 'pixel_4_6', 'pixel_4_7', 'pixel_5_0', 'pixel_5_1', 'pixel_5_2',
'pixel_5_3', 'pixel_5_4', 'pixel_5_5', 'pixel_5_6', 'pixel_5_7', 'pixel_6_0', 'pixel_6_1', 'pixel_6_2', 'pixel_6_3', 'pixel_6_4', 'pixel_6_
5', 'pixel_6_6', 'pixel_6_7', 'pixel_7_0', 'pixel_7_1', 'pixel_7_2', 'pixel_7_3', 'pixel_7_4', 'pixel_7_5', 'pixel_7_6', 'pixel_7_7']
```

图 5-32

对于波士顿房价数据集，其特征为

```
from sklearn import datasets
①b = datasets.load_boston()
②print(b.feature_names)
```

在①处,定义变量 b 获取了数据集的数据,在②查看了其样本的各个特征,如图 5－33所示。

```
In [43]:    1  from sklearn import datasets
            2  b= datasets.load_boston()
            3  print(b.feature_names)

['CRIM' 'ZN' 'INDUS' 'CHAS' 'NOX' 'RM' 'AGE' 'DIS' 'RAD' 'TAX' 'PTRATIO'
 'B' 'LSTAT']
```

图 5－33

各特征名是描述波士顿房价的主要方面,举例来说:CRIM 代表城镇的人均犯罪率。

(5) 属性"images"。

```
from sklearn import datasets
import matplotlib.pyplot as plt
digits = datasets.load_digits()
x = digits.images
①print(x.shape)
②print(x[1])
③plt.imshow(x[1],cmap =plt.cm.gray_r,interpolation = nearest)
plt.show()
```

在①处,获取了图像数据集的形态,在②处查看了一个图像样本的数据,在③处显示了样本数据图像。结果显示如图 5－34 和图 5－35 所示。

```
In [50]:    1  from sklearn import datasets
            2  import matplotlib.pyplot as plt
            3  digits = datasets.load_digits()
            4  x = digits.images
            5  print(x.shape)
            6  print(x[1])
            7  plt.imshow(x[1],cmap=plt.cm.gray_r,interpolation='nearest')
            8  plt.show()

(1797, 8, 8)
[[ 0.  0.  0. 12. 13.  5.  0.  0.]
 [ 0.  0.  0. 11. 16.  9.  0.  0.]
 [ 0.  0.  3. 15. 16.  6.  0.  0.]
 [ 0.  7. 15. 16. 16.  2.  0.  0.]
 [ 0.  0.  1. 16. 16.  3.  0.  0.]
 [ 0.  0.  1. 16. 16.  6.  0.  0.]
 [ 0.  0.  1. 16. 16.  6.  0.  0.]
 [ 0.  0.  0. 11. 16. 10.  0.  0.]]
```

图 5－34

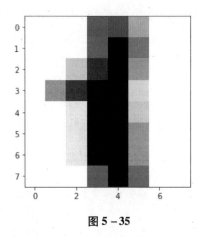

图 5 - 35

可以看到,每个样本数据是 8×8,如 x[1] 所示数据,显示图像为数字 1。

由于在现实世界获得数据通常包含一定的噪声,或存在一些数据缺失值,并不是机器学习希望用到的"干净的、格式化的"数据,无法直接将这些数据用于机器学习模型的训练,因此需要数据预处理。

数据预处理就是对原始的在现实世界获得的数据进行一定形式的清洗和处理,使其可用于机器学习模型,是使用机器学习处理问题的非常重要的部分。

在数据预处理操作中,数据标准化较为常用,其目的是通过一定方式的处理,使得不同规模、量纲的数据被缩放到同一区间,从而减少量纲、分布差异等对模型的影响。

sklearn 的数据标准化函数提供了数据预处理所需的标准化处理、归一化处理和二值化处理等。下面举例说明:

```
import numpy as np
from sklearn import datasets
①from sklearn.model_selection import train_test_split
②from sklearn.preprocessing import MinMaxScaler
③sickness = datasets.load_breast_cancer()
x_data = sickness['data']
y_target = sickness['target']
④x_train,x_test,y_train,y_test = train_test_split( \
    x_data,y_target,test_size = 0.3,random_state = 0)
⑤Sickness_Scaler = MinMaxScaler().fit(x_train)
⑥x_train_Scaler = Sickness_Scaler.transform(x_train)
⑦x_test_Scaler = Sickness_Scaler.transform(x_test)
rint("标准化前最小值:",np.min(x_train))
```

```
print("标准化后最小值:",np.min(x_train_Scaler))
print("标准化前最大值:",np.max(x_train))
print("标准化后最大值:",np.max(x_train_Scaler))
print(x_data)
print(x_train_Scaler)
```

执行结果如图 5 – 36 所示。

```
In [63]:  1  import numpy as np
          2  from sklearn import datasets
          3  from sklearn.model_selection import  train_test_split
          4  from sklearn.preprocessing import  MinMaxScaler
          5  sickness = datasets.load_breast_cancer()
          6  x_data = sickness['data']
          7  y_target = sickness['target']
          8  x_train,x_test,y_train,y_test= train_test_split(\
          9                  x_data,y_target,test_size=0.3,random_state=0)
         10  Sickness_Scaler = MinMaxScaler().fit(x_train)
         11  x_train_Scaler = Sickness_Scaler.transform(x_train)
         12  x_test_Scaler = Sickness_Scaler.transform(x_test)
         13  print("标准化前最小值: ",np.min(x_train))
         14  print("标准化后最小值: ",np.min(x_train_Scaler))
         15  print("标准化前最大值: ",np.max(x_train))
         16  print("标准化后最大值: ",np.max(x_train_Scaler))
         17  print(x_data)
         18  print(x_train_Scaler)
```

```
标准化前最小值:  0.0
标准化后最小值:  0.0
标准化前最大值:  4254.0
标准化后最大值:  1.0000000000000002
[[1.799e+01 1.038e+01 1.228e+02 ... 2.654e-01 4.601e-01 1.189e-01]
 [2.057e+01 1.777e+01 1.329e+02 ... 1.860e-01 2.750e-01 8.902e-02]
 [1.969e+01 2.125e+01 1.300e+02 ... 2.430e-01 3.613e-01 8.758e-02]
 ...
 [1.660e+01 2.808e+01 1.083e+02 ... 1.418e-01 2.218e-01 7.820e-02]
 [2.060e+01 2.933e+01 1.401e+02 ... 2.650e-01 4.087e-01 1.240e-01]
 [7.560e+00 2.454e+01 4.792e+01 ... 0.000e+00 2.871e-01 7.039e-02]]
[[0.21340338 0.20248963 0.20869325 ... 0.25597658 0.2712399  0.24111242]
 [0.16607506 0.36929461 0.15942229 ... 0.22487082 0.12773507 0.1533517 ]
 [0.2493729  0.34149378 0.23826964 ... 0.28284533 0.30514488 0.17237308]
 ...
 [0.11619102 0.35726141 0.11077608 ... 0.17402687 0.17524147 0.17263545]
 [0.12963226 0.35311203 0.11706171 ... 0.         0.06780997 0.06919848]
```

图 5 – 36

首先导入了数据集和划分功能模块,再导入标准化函数;其次装载了疾病样本数据,并对数据进行了划分,将完整数据集的 70% 作为训练集,30% 作为测试集;最后进行了标准化处理和缩放转换。

关于 sklearn 的使用方法本节就介绍到这里,本章的后续章节还会涉及它的使用。

思考与练习题

一、简答题

1. 什么 scikit – learn?

2. scikit – learn 包括哪些功能?

3. 简述使用 scikit – learn 进行机器学习的一般步骤。

4. scikit – learn 的数据集包括哪些?

二、程序设计题

编程查看 scikit – learn 各主要数据集（选择三个以上）的详细信息，并显示样本特征包括哪些功能。

5.4 机器学习简介

5.4.1 概述

人或动物具有一定的学习能力，可以在生活实践中获得个体行为经验。人类学习既包括对语言、文字、图像、场景等的认知，如学习语言、文字等，又包括对知识、规则等的学习，还包括推理、判断等。

机器学习即使得机器具有人或动物的学习能力，可以像人类一样具有认知、识别及推理的能力。依据国际先进人工智能协会（Association for the Advancement of Artificial Intelligence，AAAI）的定义，机器学习是一种能够自主获取和整合知识的系统。它具有从经验、分析观察以及其他方法中进行学习的能力，能够不断自我改进从而提高效率和有效性。

机器学习解决问题的方式与人们习惯解决问题的方式有所不同。如果希望编程解决某一个问题，通常要有程序员确定解决问题的方法（算法）、规则，依照算法进行程序设计。而机器学习则是让机器自己学习进而获得解决问题的方法。

举个例子：判断某一个水果属于某种类型，可以依靠颜色，水果的大小、质量等多个特征来判断，这些特征可以量化为一定的值，可以依据是否满足这些特征的某些范围来判断属于某类水果，程序员可以通过程序设计判断某一水果属于哪一类。

机器学习主要分为以下几类：

①监督学习：这种方法要求有训练数据（输入）和训练数据对应的目标值（标签），监督学习是常见的方法。

②无监督学习：训练数据不包括所需目标值（标签）。

③半监督学习：训练数据包括一些期望的目标值（标签）。它使用的数据既包含未标记数据，又包含标记数据。

④强化学习：强化学习在与环境的交互过程学习策略，以达成回报最大化或实现特定目标。

5.4.2 机器学习的主要任务举例

机器学习的主要任务包括：回归、分类、聚类与降维等。下面通过几个任务实例了解一下机器学习的工作原理。

1. 回归

监督学习是常用的机器学习方法,其主要分为回归与分类。回归分析简单有效,应用广泛。1877 年,Galton 通过回归预测,根据上一代豌豆种子的尺寸预测了下一代的尺寸。

(1)线性回归的基本概念。回归用于预测输入变量和输出变量之间的关系。线性回归是机器学习中常用的模型之一。关于线性回归,常见的包括单变量线性回归和多变量线性回归。

(2)线性回归例子。通过波士顿房价线性回归来理解线性回归的基本原理。这里使用 sklearn 的 LinearRegression 中的 fit 和 predict 函数。

接下来,对波士顿房价的数据进行回归:

```
import sklearn.datasets as datasets
from sklearn.model_selection import train_test_split
from sklearn.preprocessing import StandardScaler
①from sklearn.linear_model import LinearRegression
boston_house = datasets.load_boston()
feature = boston_house['data']
target = boston_house['target']
②x_train,x_test,y_train,y_test = train_test_split(feature,
target,test_size=0.3,random_state=3)
③linear_boston = LinearRegression(normalize=True)
④linear_boston.fit(x_train,y_train)
⑤y_predict = linear_boston.predict(x_test)
print(y_predict)
print(y_test)
⑥from sklearn.metrics import r2_score
⑦score = r2_score(y_test, y_predict)
print(score)
⑧X,y = datasets.make_regression(n_samples=100,n_features=1,
n_targets=1,noise=10)
plt.scatter(X,y)
plt.show()
```

在①处导入线性回归函数,然后加载训练数据;在②处划分数据集,测试集占30%;在③处建立模型 linear_boston;在④处对模型进行训练;在⑤处应用训练模型进行预测,并输出;在⑥处导入评价函数 r2_score;在⑦处进行模型评价。

利用 make_regression 函数能生成回归样本数据。如最后⑧输出使用 make_regression 生成的回归样本数据,并显示,如图 5-37 所示。

```
19.17728487  31.7379664   12.69389786  22.34029704  26.19007706  39.62443587
18.24913238  30.7884208   21.68458052  16.26632548  25.27475389   9.03722443
18.646262    28.53183674   8.65830028  29.11760766  25.60560863  21.7291522
 0.11937487  40.73780923  17.86675536  24.20503183  18.88804892  18.80700405
14.12431179  26.37049459]
[ 44.8 17.11 17.8  33.1  21.9  21.   18.4  10.4  23.1  20.   15.7  41.3  33.3  30.7
  8.5  16.3  21.2  16.2  25.6  24.4  23.9  50.   23.2  23.4  15.7  24.6  18.8  16.1
 18.2  24.3  14.8  37.3  21.4  18.6  18.8  13.9  24.5  31.5  18.2  20.7  19.4   9.7
 21.5  14.9  21.7  26.5  20.7  19.3  24.5  19.3  26.6  23.   45.4  19.8  22.7  23.1
 50.   17.8  29.1  19.2  22.7  21.2  37.2  31.6  16.1  22.2  34.9  20.5  23.   29.1
 24.7  22.   15.6  37.   21.8  21.7  19.4  23.3  16.5  16.7  23.9  15.2  11.9  19.9
 22.8  11.3  25.2  11.5  22.   21.6  19.9  16.8  19.3  50.   29.4  13.3  50.   11.7
 21.7  33.4  20.2  19.4  14.9  19.6  35.4  12.   20.4  23.7  21.   50.   27.5  12.7
 17.4  23.8  22.9  18.5  30.3  31.2  16.   23.3  15.   10.2  12.5  19.6  19.7  19.5
 15.   35.4  13.5  20.6  24.7  21.9  17.1  23.6  21.1  35.6  18.5   8.3  14.5  23.9
 11.8  24.6  24.8  18.7  17.9  48.8  13.   29.6  18.   20.1  17.3  23.1]
0.7147895265576847
```

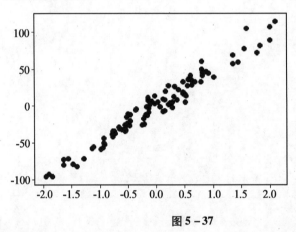

图 5 – 37

2. 分类

(1)分类的基本概念。在现实生活中,人类可以区分不同的事物和场景。比如,动物的类别、植物的类别、文字的类别和场景的类别(如办公室和家)等。同样希望机器也可以完成这些功能。事实上,在现实生活中已经广泛应用了机器分类识别技术,比如医疗诊断、车牌的分类、指纹的分类、面部的分类识别和声音的分类识别等。

分类是最常见的应用之一,它的目的是使得机器学习获得一个分类模型,也称为分类器或分类函数,再利用这一模型把待分类的数据映射到给定的若干类别中。

(2)分类例子。下面以鸢尾花数据集为例介绍一下分类方法。

Iris 数据集一般称为鸢尾花卉数据集,这是一个在模式识别、机器学习领域广泛应用的图片数据集,在分类实验中广泛使用。它是由 Fisher 所收集得到的。接下来使用sklearn 查看一下数据集的信息。

```
from sklearn import datasets
import matplotlib.pyplot as plt
iris_data = datasets.load_iris()
print(iris_data.DESCR)
print(iris_data.data.shape)
print(iris.feature_names)
```

执行结果如图 5 – 38 所示。

```
1  from sklearn import datasets
2  import matplotlib.pyplot as plt
3  iris_data = datasets.load_iris()
4  print(iris_data.DESCR)
5  print(iris_data.data.shape)
6  print(iris.feature_names)
```

```
.. _iris_dataset:

Iris plants dataset
--------------------

**Data Set Characteristics:**

    :Number of Instances: 150 (50 in each of three classes)
    :Number of Attributes: 4 numeric, predictive attributes and the class
    :Attribute Information:
        - sepal length in cm
        - sepal width in cm
        - petal length in cm
        - petal width in cm
        - class:
                - Iris-Setosa
                - Iris-Versicolour
                - Iris-Virginica

    :Summary Statistics:

    ============== ==== ==== ======= ===== ====================
                    Min  Max   Mean    SD   Class Correlation
    ============== ==== ==== ======= ===== ====================
    sepal length:   4.3  7.9   5.84   0.83    0.7826
    sepal width:    2.0  4.4   3.05   0.43   -0.4194
    petal length:   1.0  6.9   3.76   1.76    0.9490   (high!)
    petal width:    0.1  2.5   1.20   0.76    0.9565   (high!)
    ============== ==== ==== ======= ===== ====================
```

图 5 – 38

图 5 – 38 所示数据集包含了 150 个数据,并且分为 3 类,分别为 Setosa、Versicolour 和 Virginica,其中每类包含 50 个样本。

可通过如下语句查询数据和特征信息:

```
from sklearn import datasets
import matplotlib.pyplot as plt
iris_data = datasets.load_iris()
print(iris_data.data.shape)
print(iris.feature_names)
```

执行结果如图 5-39 所示。

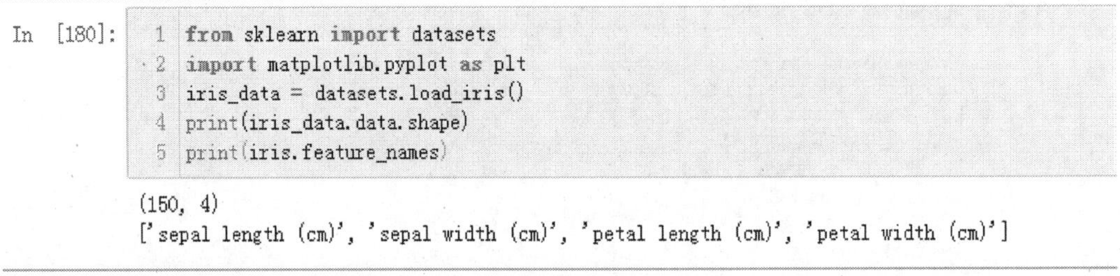

```
In [180]:   1  from sklearn import datasets
            2  import matplotlib.pyplot as plt
            3  iris_data = datasets.load_iris()
            4  print(iris_data.data.shape)
            5  print(iris.feature_names)

            (150, 4)
            ['sepal length (cm)', 'sepal width (cm)', 'petal length (cm)', 'petal width (cm)']
```

图 5-39

可以看到，每个样本都有 4 个特征，分别为花萼长度、花萼宽度、花瓣长度与花瓣宽度。可以利用这 4 个特征完成预测鸢尾花卉属于 3 个种类中的哪类。鸢尾花特征如图 5-40所示。

图 5-40

下面是使用 K 近邻(KNN)算法对其进行分类的基本原理。算法主要分 3 步：
①计算测试样本与训练集中每个样本的距离；
②按距离排序，找到距离最近的 k 个训练样本对象，作为测试样本的近邻；
③依据这 k 个近邻训练样本归属的类别来分类测试样本对象。
对于上述数据集，采用这种方法进行分类和预测的过程如以下代码所示：

```
from sklearn import datasets
from sklearn.model_selection import train_test_split
from sklearn.preprocessing import StandardScaler
from sklearn.neighbors import KNeighborsClassifier
iris = datasets.load_iris()
iris_data = iris.data
iris_target = iris.target
x_train, x_test, y_train, y_test = train_test_split(iris_data,
iris_target, test_size=0.3)
std_scal = StandardScaler()
x_train = std_scal.fit_transform(x_train)
x_test = std_scal.transform(x_test)
knn = KNeighborsClassifier(n_neighbors=5)
knn.fit(x_train, y_train)
y_predict = knn.predict(x_test)
iris_labels = ["山鸢尾","杂色鸢尾","弗吉尼亚鸢尾"]
n = len(y_predict)
for i in range(n):
    print("预测值:",iris_labels[y_predict[i]],"实际值:",iris_la-
bels[y_test[i]])
```

执行效果如图 5-41 所示。

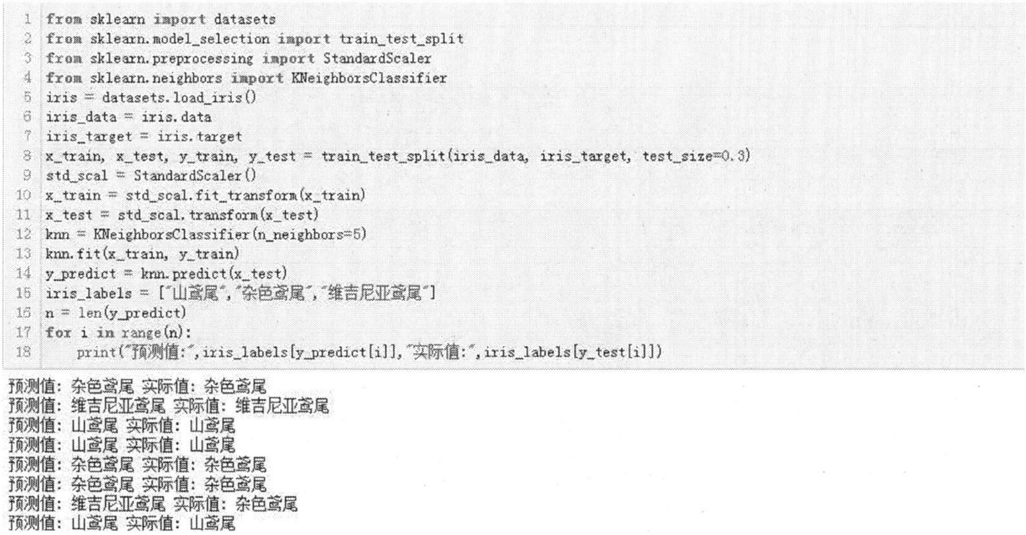

```
1  from sklearn import datasets
2  from sklearn.model_selection import train_test_split
3  from sklearn.preprocessing import StandardScaler
4  from sklearn.neighbors import KNeighborsClassifier
5  iris = datasets.load_iris()
6  iris_data = iris.data
7  iris_target = iris.target
8  x_train, x_test, y_train, y_test = train_test_split(iris_data, iris_target, test_size=0.3)
9  std_scal = StandardScaler()
10 x_train = std_scal.fit_transform(x_train)
11 x_test = std_scal.transform(x_test)
12 knn = KNeighborsClassifier(n_neighbors=5)
13 knn.fit(x_train, y_train)
14 y_predict = knn.predict(x_test)
15 iris_labels = ["山鸢尾","杂色鸢尾","维吉尼亚鸢尾"]
16 n = len(y_predict)
17 for i in range(n):
18     print("预测值:",iris_labels[y_predict[i]],"实际值:",iris_labels[y_test[i]])
```

```
预测值: 杂色鸢尾 实际值: 杂色鸢尾
预测值: 维吉尼亚鸢尾 实际值: 维吉尼亚鸢尾
预测值: 山鸢尾 实际值: 山鸢尾
预测值: 山鸢尾 实际值: 山鸢尾
预测值: 杂色鸢尾 实际值: 杂色鸢尾
预测值: 杂色鸢尾 实际值: 杂色鸢尾
预测值: 维吉尼亚鸢尾 实际值: 杂色鸢尾
预测值: 山鸢尾 实际值: 山鸢尾
```

图 5-41

（3）贝叶斯分类基本原理。

所谓推理指的是从已知的条件推出某个结论的过程。推理一般要依据一定的因果关系和逻辑规则。它分为两类，一类是确定性推理，另一类是概率推理（Probabilistic Reasoning），即不确定推理。由于现实生活中的事情多为不确定的，因此不确定推理应用广泛。

确定性推理：如条件 B 存在，就一定会有结果 A。现在已知条件 B 存在，可以得出结论结果 A 一定也存在。

概率推理：如果条件 B 存在，则对于结果 A，它所发生的概率为 $P(A|B)$。这种情况下，$P(A|B)$ 称为结果 A 发生的条件概率（Conditional Probability）。

概率推理的相关基本概念。

①先验概率：指根据以往经验和分析获得的概率。即利用已有先验知识来估计事件所发生的概率。例如，抛硬币时，可提前知道硬币的正反面出现的概率各为 50%。

②后验概率：指当某事件结果 x 发生后，想要计算结果 x 出现条件下结果是由某个因素引起的概率。

逆概率公式（也称贝叶斯公式）是概率论中一个非常重要的公式，由于其有广泛的现实意义，因此在日常生活中应用广泛。

由上可知，如果已知条件 B_i 存在，则结果 A 存在的概率为 $P(A|B_i)$。反之，如果结果 A 出现了，可通过下式计算条件 B_i 存在的概率 $P(B_i|A)$：

$$P(B_i \mid A) = \frac{P(A \mid B_i)P(B_i)}{\sum_{j=1}^{n} P(A \mid B_j)P(B_j)} = \frac{P(A \mid B_i)P(B_i)}{P(A)}$$

式中

$$P(A)P(B_i|A) = P(B_i)P(A|B_i)$$

这个公式也称为贝叶斯公式，依照贝叶斯思想分类的分类器称为贝叶斯分类器。下面以 Iris 数据集的分类为例进行说明。根据数据集的特征将其分为三类。

在 scikit - learn 中共有三种贝叶斯分类算法，分别是：

①GaussianNB，即高斯分布朴素贝叶斯算法。

②MultinomialNB，即多项式分布朴素贝叶斯算法。

③BernoulliNB，即伯努利分布朴素贝叶斯算法。

下面代码介绍了三种方法的实现，首先看高斯分布朴素贝叶斯分类器的建立，代码如下：

```
from sklearn.naive_bayes import GaussianNB
import numpy as np
from sklearn.datasets import load_iris
Bay_NB = GaussianNB()
iris_dataset = load_iris()
X_train = iris_dataset.data
y_train = iris_dataset.target
sample_data = X_train[:,:]
Bay_NB.fit(sample_data,y_train)
yp = Bay_NB.predict(X_train)
print("高斯分布朴素贝叶斯分类器,样本总数：%d 错误样本数：%d" % (X_train.shape[0],(y_train != yp).sum()))
```

执行效果如图 5-42 所示。

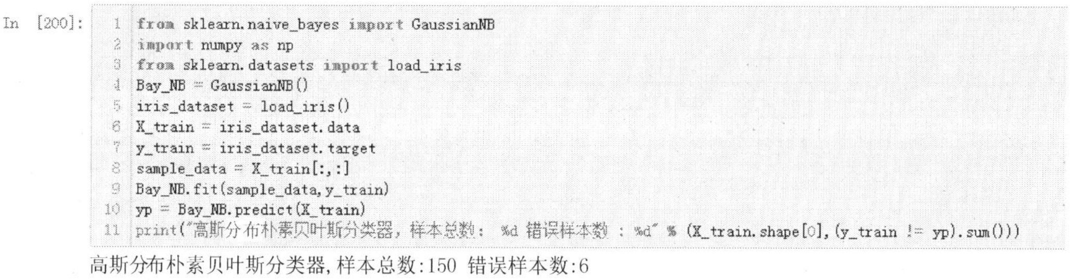

```
In [200]:  1  from sklearn.naive_bayes import GaussianNB
           2  import numpy as np
           3  from sklearn.datasets import load_iris
           4  Bay_NB = GaussianNB()
           5  iris_dataset = load_iris()
           6  X_train = iris_dataset.data
           7  y_train = iris_dataset.target
           8  sample_data = X_train[:,:]
           9  Bay_NB.fit(sample_data,y_train)
          10  yp = Bay_NB.predict(X_train)
          11  print("高斯分布朴素贝叶斯分类器,样本总数：%d 错误样本数：%d" % (X_train.shape[0],(y_train != yp).sum()))

高斯分布朴素贝叶斯分类器,样本总数:150 错误样本数:6
```

图 5-42

再来看一下多项式分布朴素贝叶斯分类器：

```
from sklearn.naive_bayes import MultinomialNB
import numpy as np
from sklearn.datasets import load_iris
Bay_NB = MultinomialNB()
iris_dataset = load_iris()
X_train = iris_dataset.data
y_train = iris_dataset.target
sample_data = X_train[:,:]
Bay_NB.fit(sample_data,y_train)
yp = Bay_NB.predict(X_train)
print("多项式分布朴素贝叶斯分类器,样本总数：%d 错误样本数：%d" % (X_train.shape[0],(y_train != yp).sum()))
```

执行效果如图 5-43 所示。

```
In [198]:   1  from sklearn.naive_bayes import MultinomialNB
            2  import numpy as np
            3  from sklearn.datasets import load_iris
            4  Bay_NB = MultinomialNB()
            5  iris_dataset = load_iris()
            6  X_train = iris_dataset.data
            7  y_train = iris_dataset.target
            8  sample_data = X_train[:,:]
            9  Bay_NB.fit(sample_data,y_train)
           10  yp = Bay_NB.predict(X_train)
           11  print("多项式分布朴素贝叶斯分类器,样本总数： %d 错误样本数：%d" % (X_train.shape[0],(y_train != yp).sum()))
```
多项式分布朴素贝叶斯分类器,样本总数:150 错误样本数:7

图 5 − 43

最后,来看一下伯努利分布朴素贝叶斯分类器:

```
from sklearn.naive_bayes import BernoulliNB
import numpy as np
from sklearn.datasets import load_iris
Bay_NB = MultinomialNB()
iris_dataset = load_iris()
X_train = iris_dataset.data
y_train = iris_dataset.target
sample_data = X_train[:,:]
Bay_NB.fit(sample_data,y_train)
yp = Bay_NB.predict(X_train)
print("伯努利分布朴素贝叶斯分类器,样本总数：% d 错误样本数：% d" % (X
_train.shape[0],(y_train ! = yp).sum()))
```
执行效果如图 5 − 44 所示。

```
In [202]:   1  from sklearn.naive_bayes import BernoulliNB
            2  import numpy as np
            3  from sklearn.datasets import load_iris
            4  Bay_NB = MultinomialNB()
            5  iris_dataset = load_iris()
            6  X_train = iris_dataset.data
            7  y_train = iris_dataset.target
            8  sample_data = X_train[:,:]
            9  Bay_NB.fit(sample_data,y_train)
           10  yp = Bay_NB.predict(X_train)
           11  print("伯努利分布朴素贝叶斯分类器,样本总数： %d 错误样本数：%d" % (X_train.shape[0],(y_train != yp).sum()))
```
伯努力分布朴素贝叶斯分类器,样本总数:150 错误样本数:7

图 5 − 44

3. 聚类

(1)聚类的基本概念。如果存在一批样本数据,但是各样本没有标出其类别,则不能采用监督分类,而应该通过样本之间的相似程度来进行分类,其中,比较相似的可以被归为一类,而不相似的则应该被归为其他类。这种方式实际上是以"物以类聚"的思想进行划分,称为聚类。

聚类方法的基本步骤如下：

①依据样本选择特征，所选特征要与任务存在相关性。

②选择、确定合适的相似度。为了能将样本分成不同的类别，须定义相似度来计算同一类样本间以及不同类样本间的相似或差别程度。

③确定设定聚类的准则。以该准则来确定相似的样本是否应该聚到一个类中。分类效果的好坏可以依据是否满足如下条件判断：算法使得类内样本间彼此距离尽量小，而使得不同类间距离尽量大。

④选择聚类算法实现，并进行评估。

（2）聚类实例。k – means 聚类算法是典型的聚类方法，算法的基本流程如下：

①采集获取数据，并进行处理后获得数据集 $\{x_n\}_{n=1}^N$，选定 k 个初始的聚类中心 c_1，c_2，$\cdots$，c_k，从数据集中任意选取 k 个赋给初始的聚类中心。

②获取数据集中每个样本点 x_i 的数据，计算它与当前各聚类中心 c_j 的欧式距离，并将与其距离值最小的类作为它所属的类，获取其类别标号：

$$\text{label}(i) = \underset{j}{\arg\min} \|x_i - c_j\|^2, \quad i = 1, \cdots, N; j = 1, \cdots, k$$

③将新样本加入类后，重新计算更新 k 个聚类中心，有

$$c_j = \frac{\sum\limits_{s:\text{label}(s)=j} x_s}{N_j}, \quad j = 1, 2, \cdots, k$$

重复步骤②和步骤③，直到满足条件为止。

接下来，介绍一下 sklearn 的一个聚类应用。同样选取 Iris 数据集用作聚类，代码如下：

```
import matplotlib.pyplot as pltfrom sklearn import datasets
from sklearn.cluster import KMeans
from sklearn.preprocessing import MinMaxScaler
iris_dataset = datasets.load_iris()
X_train = iris_dataset.data
print(X_train.shape)
X_Scaler = MinMaxScaler().fit(X_train)
x_train_Scaler = X_Scaler.transform(X_train)
cluster = KMeans(n_clusters =3,random_state =1).fit(x_train_Scaler)
y_pred = cluster.labels_
centers = cluster.cluster_centers_
inertia = cluster.inertia_
print(centers)
```

执行结果如图 5 – 45 所示。

```
In [212]:    1  import matplotlib.pyplot as plt
             2  from sklearn import datasets
             3  from sklearn.cluster import KMeans
             4  from sklearn.preprocessing import  MinMaxScaler
             5  iris_dataset = datasets.load_iris()
             6  X_train = iris_dataset.data
             7  print(X_train.shape)
             8  X_Scaler = MinMaxScaler().fit(X_train)
             9  x_train_Scaler = X_Scaler.transform(X_train)
            10  cluster = KMeans(n_clusters=3,random_state=1).fit(x_train_Scaler)
            11  y_pred = cluster.labels_
            12  centers = cluster.cluster_centers_
            13  inertia = cluster.inertia_
            14  print(centers)
```

```
(150, 4)
[[0.44125683 0.30737705 0.57571548 0.54918033]
 [0.19611111 0.595      0.07830508 0.06083333]
 [0.70726496 0.4508547  0.79704476 0.82478632]]
```

图 5 – 45

可见获得了 3 个聚类中心值。

4. 降维

（1）降维的基本概念。样本的特征数称为维数，在高维数据集中，一些数据很可能是稀疏的，这样当维度很高时，距离计算可能变得非常困难，这种当维数非常大时出现的问题被称为"维数灾难"。

针对这一问题，降维是必要的。降维指的是通过线性或者非线性的映射方法，将样本由高维映射到低维。即通过降维获得高维样本的低维等价表示，从而方便使用及可视化表示，减少数据噪声，降低计算所需开销。

由于可以通过降维得到高维数据的低维表示，方便进一步作为样本数据使用，因此降维是在数据预处理的一种常用手段。

（2）降维实例。在上一例子中，由于维数较多，不方便输出，因此可通过降维显示。

由于所用数据包含四个特征，即四维，因此可以对其采用降维的方法进行处理，这里降维到二维平面，方便显示。由 Laurens van der Maaten 和 Geoffrey Hinton 提出的 t – SNE（t – distributed Stochastic Neighbor Embedding）是一种用于降维的非线性降维算法，一般用于将高维数据降维到二维或者三维，方便可视化显示。代码如下：

```
from sklearn.manifold import TSNE
ts_data = TSNE(n_components = 2, init = 'random', random_state = 177).fit(x_train_Scaler)
frame = pd.DataFrame(ts_data.embedding_)
frame['labels'] = y_pred
data_frame1 = frame[frame['labels'] = =0]
```

```
data_frame2 = frame[frame['labels'] = =1]
data_frame3 = frame[frame['labels'] = =2]
figure1 = plt.figure(figsize=(10,10))
plt.plot(data_frame1[0],data_frame1[1],'ro',data_frame2[0],da-
ta_frame2[1],'b*',data_frame3[0],data_frame3[1],'gD')
plt.show()
```

执行结果如图 5 - 46 所示。

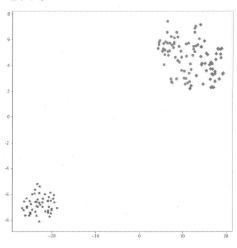

图 5 - 46

事实上 t - SNE 方法更多地应用于可视化。

目前, 主要应用的降维方法可以分为两类, 线性降维和非线性降维。

线性降维中假设构成数据集的各变量之间是互相独立的。常用的方法包括: 线性判别分析(Linear Discriminant Analysis, LDA), 即 fisher 判别法, 主成分分析(Principal Component Analysis, PCA), 以及独立成分分析(Independent Component Analysis, ICA)等。

非线性降维方法的主要目标是从高维采样数据中恢复低维流形结构, 同时不改变数据本身的拓扑特性。

思考和练习题

一、简答题

1. 什么是回归? 其主要功能是什么?

2. 简述分类的概念, 其主要功能是什么?

3. 什么聚类? 主要功能是什么? 什么情况下使用聚类?

4. 什么是降维? 为什么需要降维?

二、程序设计题

1. 预测开一家景区的盈利情况,景区接待游客人数与盈利金额见表 5 – 2。

表 5 – 2 景区接待游客人数与盈利金额

游客数量/千人	盈利金额/万元
6. 250 2	10. 662 5
5. 585 2	9. 050 0
8. 802 5	13. 550 4
7. 105 5	11. 882 4
5. 900 8	9. 552 5

2. 利用 sklearn 中的 fetch_lfw_people 数据集,编程实现如下功能:

(1)查看数据集详细信息,并显示样本特征;

(2)显示部分样本图像;

(3)对数据进行降维处理;

(4)进行分类识别。

5.5 TensorFlow 与 Keras

5.5.1 TensorFlow

TensorFlow 是目前最流行的深度学习开发工具之一,它是由 Google Brain 团队开发的,适用于深度神经网络开发的功能强大的开源工具。在命令行模式下直接输入 pip install tensorflow 即可安装。

安装成功后,可输入

```
import tensorflow
print(tensorflow.__version__)
```

若显示版本信息,则说明安装成功,如图 5 –47 所示。

```
In [1]:   1  import tensorflow
          2  print(tensorflow.__version__)

2.2.0
```

图 5 –47

再来看个简单的例子：

```
Import tensorflow as tf
a = tf.constant(3.0)
b = tf.constant(6.0)
c = a+b
with tf.compat.v1.Session() as sess:
    print(sess.run(c))
print(c.eval())
```

在这个例子中，先定义了两个常量，再完成相加，输出的相加结果如图 5－48 所示。

考虑到普遍性，本章所介绍的内容和代码均基于 TensorFlow 1. x，若应用目前较新版本 TensorFlow 2. x，可添加如下语句：

```
import tensorflow.compat.v1 as tf
tf.compat.v1.disable_eager_execution()
```

```
In [49]:
 a = tf.constant(3.0)
 b = tf.constant(6.0)
 c = a+b
with tf.compat.v1.Session() as sess:
    print(sess.run(c))
    print(c.eval())

9.0
9.0
```

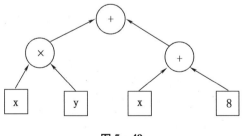

图 5－48

语句 Import tensorflow as tf 是导入 TensorlFow 模块并取别名 tf，为了描述方便，后面内容对 TensorFlow 相关用法介绍时都默认已导入并取别名为 tf。

基本概念：可以把 TensorFlow 简单理解为一个应用程序，它解决问题的方式是建立计算图，如图 5－49 所示。用户可以针对实际问题自己定义计算图的结构和计算方式，并调用应用程序完成计算图的执行。

图 5－49

TensorFlow 的名字是 Tensor 和 Flow 的合成，其工作方式可形象地理解为“张量的流动”。其中 Tensor 是张量，是个很重要的概念。

张量:在 TensorFlow 中,所有数据都可被表示为张量,一般是 n 维数组,其中元素类型为 int32、float32 等。

操作(Operations):操作是计算图的节点,它可以对输入张量进行计算,其输出同样是张量。

计算图(Computation graph):TensorFlow 通过建立并执行计算图来完成任务,所有计算都会转化为计算图中的节点。

会话(Session):通过建立会话来运行计算图。

使用 TensorFlow 大体可分两步:

①建立计算图;

②运行计算图。

TensorFlow 的系统结构如图 5-50 所示,它可以分为前端和后端两部分:前端提供了 Python、C++ 等多种语言编程环境,提供编程模型,用来建立计算图,定义计算过程,调用会话初始化并完成图的执行过程;后端提供运行时环境,负责执行计算图。

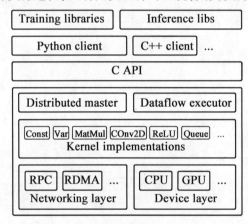

图 5-50

TensorFlow 对数据的一些操作用法与 Numpy 相似,见表 5-3。

表 5-3　TensorFlow 对数据的一些操作用法

TensorFlow		Numpy	
名称	用法举例	名称	用法举例
tf. zeros	a = tf. zeros((3,3))	np. zero	a = np. zeros((3,3))
tf. ones	b = tf. ones((3,3))	np. ones	b = np. ones((3,3))
tf. get_shape	a. get_shape()	np. shape	a. shape
tf. reshape	tf. reshape(a,(1,3))	np. reshape	np. reshape(a,(1,4))
tf. matmul	tf. matmul(a, b)	np. dot	np. dot(a,b)

TensorFlow 的变量与常量定义见表 5-4。

表5-4 TensorFlow 的变量与常量定义

类型	用法举例	功能
tf. constant	tf. constant(0.5, name = 'a')	定义一个常量
tf. Variable	x = tf. Variable(0.1, type = tf. float32)	定义一个变量
tf. placeholder	x = tf. placeholder(dtype = tf. float32)	定义一个占位符

5.5.2 Keras

使用 TensorFlow 编写深度学习程序编码效率较低,实际应用中一般使用较为方便的高层工具,简化开发,提高效率,如 Keras.

Keras 是应用比较广泛的一套神经网络应用接口(API),它不仅可以运行在 TensorFlow,还可以在其他深度学习工具如 Theano 和 CNTK 等框架上应用。应用它可以让开发者提高开发效率,能方便地搭建神经网络,完成训练和应用。

对于低版本 TensorFlow,需要单独安装 Keras,但随着 Keras 的广泛应用,在 TensorFlow 1.4 之后 Keras 被包含在 TensorFlow 中,无须再额外安装。Keras 被众多公司使用,如 Netflix、Uber 等。在深度学习研究领域,Keras 也是广大科研工作者常用的工具。

Keras 的开发流程大体分为下面几个步骤:

(1)获得和处理数据集。

(2)定义输入输出(训练数据和目标值)。

(3)定义网络模型参数,建立网络模型。

(4)训练参数配置,主要包括损失函数、优化器等,完成学习所需参数配置。

(5)使用 fit 方法训练网络。

(6)对模型进行测试、评估。

神经网络形式上由输入层、一个或多个隐藏层、输出层等若干层所组成,层是神经网络的基本组成部分。层的功能是完成数据处理,将本层的若干输入张量转换成一个或多个输出张量。层的权重参数是训练神经网络需要学到的。不同于 TensorFlow,Keras 简化了神经网络的搭建过程,可以通过直接添加"层"来建立网络。

Keras 可以针对不同的数据处理类型和张量来使用不同的层。

①密集连接层(Densely Connected Layer):也叫密集层(Dense Layer),或全连接层(Fully Connected Layer),一般处理简单2D 张量。

②卷积层:该层功能是将输入信号与卷积核进行卷积运算,是图像分类中常用的。

③循环层(Recurrent Layer):主要用来处理形状为(samples, timesteps, features)的3D 张量的序列数据。

还有其他的一些,比如 dropout 层、池化层(Pooling)、激活层、规范层、Flatten 层等。

在 Keras 中,建立建深度学习模型的过程就是将多个层按一定次序拼接在一起,模型是由一些层所组成的一个有向无环图。

依据实际需要可以构建需要的神经网络模型,通常构建模型有两种方式:一种是通过 Sequential 类构建,这种方法因其简单易用而广为使用;另一种方式则是通过函数式 API(functional API)构建,可依据需要定义网络,这种方式需要熟悉 API 的使用。

这里介绍第一种方式,即顺序化模型(Sequential Model),它是一种逐层按顺序搭建的神经网络模型。

例如,建立一个简单的全连接神经网络,首先要导入所需的模块。

```
import keras
from keras.models import Sequential
from keras.layers import Dense
import numpy as np
```

分别导入 Keras 包,从 Keras. model 导入顺序模型,从 Keras. layers 导入 Dense 模型,即全连接网络。通过一层一层的添加层可以建立神经网络,通过训练可得到所要的神经网络模型。对于训练好的模型,可以依照特征样本数据进行预测分类。其基本流程是:

①搭建全连接神经网络;

②利用数集对神经网络进行训练;

③利用神经网络进行预测。

主要实现方法如下:

```
①model = Sequential()
②model.add(Dense)
③model.compile()
④model.fit()
```

各部分主要功能如下:

①定义模型为顺序型(Sequential);②添加全连接层 ;③编译模型;④用 fit 函数来进行模型的训练。关于 Keras 的具体应用将在后边章节介绍。

思考与练习题

一、简答题

1.什么是 TensorFlow? 它的主要功能是什么?

2.简述贝叶斯分类的基本原理。

3.什么是 Keras? 其有什么优点?

4.Keras 的开发流程一般可分为几步?

二、程序设计题

1.假设学校依据语文和数学成绩按一定比例计算得到学生的最后成绩,一组学生的成绩见表5-5,试采用 TensorFlow 编写程序,实现成绩预测。

表5-5 学生成绩

语文	数学	英语	专业综合	总成绩
80	76	88	85	80.9
78	87	77	76	80.3
76	78	76	76	76.6

2. Keras 的波士顿房价数据集是20世纪70年代中期美国波士顿郊区房屋价格的一些样本数据,试使用 Keras 的波士顿房价数据集(boston_housing)建立模型,实现房价预测。

5.6 深度神经网络结构

5.6.1 深度学习典型应用

近年来,购物支付手段越来越方便,驾驶汽车也越来越容易,出现了自动驾驶汽车等工具。一些语音识别工具也应用得越来越普遍,百度等公司提供了语音搜索、图像搜索等功能,机器变得越来越智能。这一切的背后,是深度学习相关技术的大量应用,这一切的普及,离不开深度学习的广泛使用。

由于传统识别方法的准确率不尽如人意,因此在深度学习出现之前,大规模的分类、识别技术难以得到广泛的应用。而深度学习极大地提高了识别的精度,促进了相关技术的广泛使用。目前,人工智能技术处于被广泛应用的阶段,在这一阶段,起关键作用的就是深度学习技术。

深度学习对机器视觉、语音识别、自然语言理解等相关技术的快速发展和广泛应用,起到了很重要的推动作用,因此也越来越受到世界各国相关研究人员的重视,谷歌、微软、facebook、亚马逊等国外科技公司,以及腾讯、阿里、百度、京东、字节跳动等国内的互联网公司都成立了相关研究机构,积极从事深度学习在各自应用领域的研究和应用。例如,百度推出了飞桨平台,在搜索引擎、自动驾驶等领域广泛应用深度学习。

当前,深度学习应用最为广泛的几个领域主要包括计算机视觉图、语音识别以及自然语言处理等。

接下来,主要介绍深度学习在计算机视觉、自然语言处理、语音识别等领域的应用。

1. 计算机视觉

计算机视觉技术指的是使计算机具有类似于人眼的视觉能力。是通过视觉传感器获得外部视觉信息,通过对信息的处理,使得计算机可以模拟人类的视觉系统,具有一定的感受外部环境的能力,以及人类所具有的其他视觉功能,如对感知的外部信息具有分类和识别的能力。智能的图像理解与识别是计算机视觉领域近些年研究的主要内容。事实上,在深度学习技术出现之前,研究人员已经从事了多年相关研究,出现了诸如支持向量机(Support Vector Machine, SVM)、模板匹配等多种方法。这些传统的算法虽然取得了一定的成功,但精度和鲁棒性等难以满足应用需求。

深度学习最早尝试的领域是图像与视觉处理。2018 年图灵奖(Turing Award)得主 Yann LeCun 等人于 1989 年率先将卷积神经网络(CNN)应用于图像处理。

卷积神经网络也称为 CNN,是一种由若干卷积层构成的神经网络模型,尤其适合于图像的分类。虽然卷积神经网络在小规模的应用问题上取得了较好的效果,但是却并没有流行起来。在一段时间内,它没有受到广大研究者足够的重视。

ImageNet 比赛是图像分类领域的世界知名大赛,受到世界范围内研究人员的重视。 Hinton 教授和他的学生们于 2012 年取得了 ImageNet 大规模图像识别竞赛的冠军。之后,深度学习技术受到了广泛关注,在视觉领域的应用越来越普遍。

在计算机视觉领域,深度学习技术已经被广泛应用到各个领域,如图像的分类与识别、图像理解、图像检索、图像分割、目标检测等。生活中既可以通过刷脸支付,也可以通过指纹支付。事实上,深度学习技术还有其他很多领域的应用,这些都方便了人们的日常生活。

2. 自然语言处理

语言是人类之间交流的主要方式。自然语言处理是用机器处理人类语言的理论和技术,是研究人与人交际中以及人与计算机交际中的语言问题的一门学科。1954 年 1 月 7 日,IBM 的 701 型计算机将 60 个俄语句子自动翻译成英语,这是历史上首次的机器翻译。20 世纪五六十年代采用模式匹配的方法;20 世纪 70 年代出现了基于规则的机器翻译方法;20 世纪 90 年代出现了统计方法,也是比较常见的方法。

自然语言处理的主要应用领域包括语音识别、机器翻译、搜索引擎、情感分析等,比如 word 中英文自动校对、百度搜索引擎、Google 翻译系统等。情感分析方面,可以使用卷积神经网络对输入文本直接建模预测情感标签;阅读理解方面,可以设计具有记忆功能的循环神经网络来做阅读理解。近年来,生成对抗网络、注意力机制等深度学习相关技术在自然语言处理领域都得到一定的应用。

3. 语音识别

语音识别技术已经经历了几十年的发展,语音识别是使得计算机能够识别和理解语音信号,把语音信号转变为相应的文本或命令的技术。20 世纪 50 年代,出现了世界上第一个可以识别 10 个英文数字发音的系统。到了 20 世纪 60 年代,Denes 等人成功研制了世界上第一个语音识别系统。20 世纪 70 年代,研究人员开始从事大规模的语音识别相关研究,经过多年的发展,从早期的特定人、小词汇量、孤立词的识别,发展到对于大词汇量和非特定人的连续语音的识别。近年来,随着机器学习,尤其是深度学习研究的发展,语音识别技术取得了较大进展。

在语音识别领域,微软、百度、科大讯飞等很多相关企业,以及一些研究机构都对此进行了深入研究。目前深度学习在孤立词识别、音素识别以及大词汇量识别等相关领域都有一定应用。微软提出了基于上下文相关的深度神经网络——隐马尔科夫模型(Context – Dependent DNN – HMM,CD – DNN – HMM),很好地实现了大词汇量语音识别。

5.6.2　典型的神经网络结构

在深度学习中,通过搭建神经网络来完成模型建立,并通过训练模型使得模型满足实际需要,进而完成任务。常见的神经网络类型包括:

①全连接神经网络(Fully Connected,FC);

②卷积神经网络(Convolutional Neural Network,CNN);

③循环神经网络(Recurrent Neural Network,RNN)。

针对实际需要,可以搭建不同类型的神经网络,也可以在一个应用中包含多种神经网络类型。下面分别对几种神经网络进行介绍。

(1)全连接神经网络。全连接层是指层中每一个节点都会与上一层中的所有节点相连,全连接神经网络就是由若干个这种形式的层所组成的。图5 – 51所示是一个全连接神经网络。

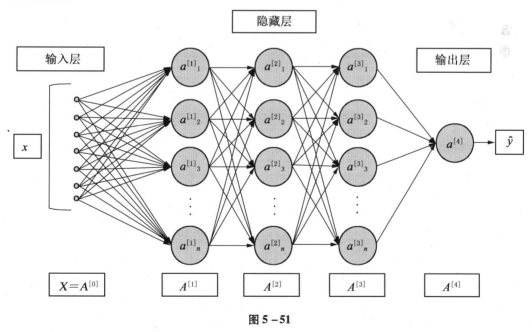

图5 – 51

全连接层可以用来把前面层提取到的特征综合起来。它的第 $n-1$ 层的每个节点,都和第 n 层所有节点连接。下面以使用 TensorFlow 搭建一个简单的神经网络的过程,说明全连接神经网络的特点。建立的简单神经网络如图 5 –52 所示。

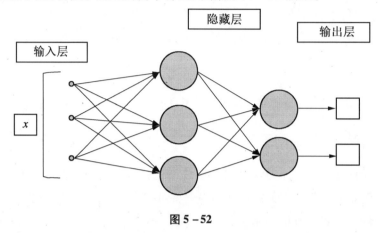

图 5 –52

代码如下：

```
import tensorflow as tf
……
x_train = tf.placeholder(tf.float32)
y_train = tf.placeholder(tf.float32)
x1 = tf.reshape(x, [1, 3])
b1 = tf.Variable(0, dtype = tf.float32)
w1 = tf.Variable(tf.random_normal([3, 3], ...)
n1 = tf.nn.tanh(tf.matmul(x1, w1) + b1 )
w2 = tf.Variable(tf.random_normal([3, 2], ...)
b2 = tf.Variable(0, dtype = tf.float32)
y = tf.nn.softmax( tf.matmul(n1, w2) + b2.)
```

从上面代码可以看到，对全连接神经网络各层的计算，是神经网络各层与连接两层之间的权重矩阵做向量乘法，即其中每一层是通过矩阵相乘得到向前传播的结果。上面网络中，每一层运算包括偏置和激活函数。在数据由 i 层传向 $i+1$ 层的过程中，其中第 $i+1$ 层中每个神经元节点的输入是来自第 i 层中所有神经元节点与其对应的权重相乘后累加的结果。全连接神经网络的全连接层参数太多，计算量很大，需要较大的存储空间。

（2）卷积神经网络。要了解卷积神经网络，首先应了解什么是卷积运算。卷积运算类似于在图像增强中的常用的滤波。如图 5 –53 所示，输入图像数据为一个 5 ×5 的矩阵，卷积核为 2 ×2 的矩阵。

首先对输入图像左上角的一个 2 ×2 的矩阵中的图像灰度值与卷积核进行卷积运算，即对应位置相乘再求和，得到 $a \cdot w_1 + b \cdot w_2 + f \cdot w_3 + g \cdot w_4$。接下来可以向右侧滑动，求下一个对应的值，从左向右，自上而下进行运算，可以得到卷积运算后的图像数据。

图像数据

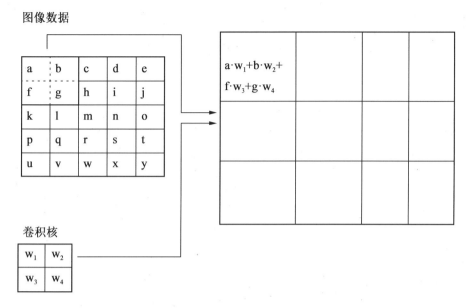

卷积核

图 5−53

卷积神经网络主要由卷积层构成,也包括池化层(Pooling Layer)和全连接层(FC Layer)。池化(Pooling)是卷积神经网络中常见的一种操作,池化实际上是对数据进行降维。池化层一般位于卷积层之后,通过池化来降低卷积层输出的特征维度,减少计算量,防止过拟合。

最大池化(Max−Pooling)即取局部接受域中值最大的点,现以最大池化为例说明池化的含义。如图 5−54 所示,类似于卷积,从左向右,自上而下,以步长 2 依次对每一个 2×2 的图像区域取区域内灰度的最大值,并且将结果保存在对应位置处。一般来说,池化窗口的大小会和步幅设为相同的值。

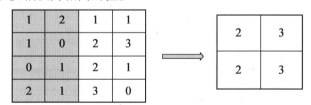

图 5−54

卷积神经网络在图像分类领域应用十分广泛,图 5−55 所示是 ALEXNET 网络,该网络主要包括 8 层,前 5 层是卷积层,剩下 3 层是全连接层。

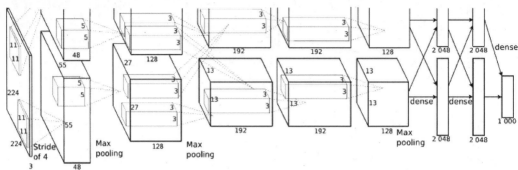

图 5-55

(3)循环神经网络。上述的神经网络处理的数据之间是完全独立的,对于一些具有序列信息的数据则无法处理。在现实生活中,有一些数据是存在一定序列关系的,比如一篇文章里的文字内容,现实生活中的语音内容,天气预报中的天气变化等。对于这类信息,更适合使用循环神经网络(Recurrent Neural Network,RNN)。

循环神经网络是一种适合处理序列数据的神经网络,尤其适合处理与时序有关的数据,如音频、语言等。这种模型在语音识别以及机器翻译中有一定的应用。

循环神经网络的基本思想:循环神经网络具有一定的记忆功能,是一类具有记忆功能的神经网络模型。循环神经网络的记忆模块能够存储前一时刻的网络信息,并且在下一时刻,它将记忆模块中的信息与输入层的数据一起作为新的网络输入。前一次的输出结果会被代入到隐藏层中一起训练,即之前的所有输入对输出都会产生影响。

循环神经网络中短期的记忆对结果影响较大,而长期的记忆则影响很小。即越早的输入影响越小,越晚的输入影响越大。因此其难以处理太长的输入,而且训练循环神经网络需要较大的成本。

几种循环神经网络的结构如图 5-56 所示。

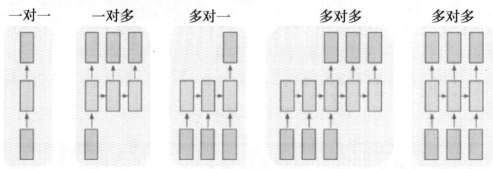

图 5-56

思考与练习题

1.绘图说明什么是全连接神经网络,它有什么特点?

2.什么是卷积神经网络结构? 它有什么特点?

3.什么是循环神经网络? 它适合于处理的数据有什么特点? 如何实现的?

5.7 浅层神经网络与激活函数

5.7.1 神经网络的定义及结构

图5-57所示为单个神经元的模型,对于一组输入和权重,其输出乘积的和为

$$y = x_1 \times w_1 + x_2 \times w_2 + x_3 \times w_3 \tag{1}$$

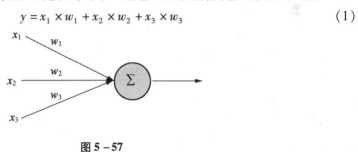

图5-57

基于神经元可构建神经网络,一个简单的浅层神经网络如图5-58所示。这个浅层神经网络的基本构成是三部分,从左到右分别是输入层、隐藏层和输出层。各层的作用如下:

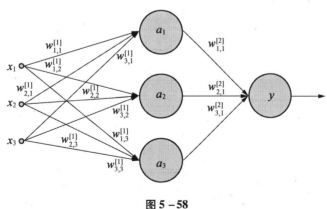

图5-58

①输入层:接收输入数据 x_1, x_2, x_3,通常表示为一个特征向量。

②隐藏层:对输入特征的抽象,是抽象中间层。除输入层、输出层的其他各层称为隐藏层。

③输出层:依据应用需要完成预测值的输出。

这也是神经网络一般的组成结构。通常在计算神经网络的层数时,不包含输入层,因此图5-58所示神经网络是一个2层的全连接神经网络,图中隐藏层是第一层,输出层是第二层。浅层神经网络只包含少量的层。

5.7.2 前向传播

单个神经元的数据传播如式(1)所示,对于整个神经网络,数据从输入到输出,由左到右传递的过程称为前向传播。在前向传播过程中,数据的计算公式如下:

$$\begin{cases} a_1 = x_1 \cdot w_{1,1}^{[1]} + x_2 \cdot w_{2,1}^{[1]} + x_3 \cdot w_{3,1}^{[1]} \\ a_2 = x_1 \cdot w_{1,2}^{[1]} + x_2 \cdot w_{2,2}^{[1]} + x_3 \cdot w_{3,2}^{[1]} \\ a_3 = x_1 \cdot w_{1,3}^{[1]} + x_2 \cdot w_{2,3}^{[1]} + x_3 \cdot w_{3,3}^{[1]} \\ y = a_1 \cdot w_{1,1}^{[2]} + a_2 \cdot w_{2,1}^{[2]} + a_3 \cdot w_{3,1}^{[2]} \end{cases} \quad (2)$$

对于有更多层或层中有更多节点的神经网络,其计算方式类似。式(2)中给出了 a_1 节点和 y 节点的计算过程,从图5-58中可以看出:a_1 节点的输入值是由 x_1、x_2 和 x_3 与对应的权重 $w_{1,1}^{[1]}$、$w_{2,1}^{[1]}$ 和 $w_{3,1}^{[1]}$ 相乘后再相加所得。y 节点的输入则是由 a_1、a_2、a_3 和对应权重 $w_{1,1}^{[2]}$、$w_{2,1}^{[2]}$、$w_{3,1}^{[2]}$ 一一相乘后累加得出的结果。

令 $\boldsymbol{x} = [x_1, x_2, x_3]$,$\boldsymbol{a}^{[1]} = [a_1, a_2, a_3]$,则

$$\boldsymbol{W}^{[1]} = \begin{pmatrix} w_{1,1}^{[1]} & w_{1,2}^{[1]} & w_{1,3}^{[1]} \\ w_{2,1}^{[1]} & w_{2,2}^{[1]} & w_{2,3}^{[1]} \\ w_{3,1}^{[1]} & w_{3,2}^{[1]} & w_{3,3}^{[1]} \end{pmatrix}$$

可以将上述公式写为如下形式:

$$\boldsymbol{a}^{[1]} = \boldsymbol{x} \cdot \boldsymbol{W}^{[1]}$$

同理可知 $y = \boldsymbol{a}^{[1]} \cdot \boldsymbol{W}^{[2]}$,由此可知其运算规则实际上与线性代数中的运算相对应。

这种线性全连接层是简单的网络结构,由于在实际应用中,所需处理的问题很多是非线性的,因此通常与激活函数共同使用。

5.7.3 激活函数

在神经网络中,无论隐藏层还是输出层一般都需要激活函数(Activation Function)。激活函数的作用是将输入的总和转换输出,即由激活函数决定怎样激活输入的总和。上述计算的一般化形式为

$$a = x_1 \cdot w_1 + x_2 \cdot w_2 + x_3 \cdot w_3 + b$$

式中,b 为偏置。设激活函数为 $g()$,则输出为

$$y = g(a)$$

常见的激活函数包括以下几种:

(1) Sigmoid 函数。Sigmoid 函数如下：

$$g(x) = \frac{1}{1 + e^{-x}}$$

Sigmoid 函数的实现如下所示：

```
def sig(x):
return 1 /(1 + np.exp( -x))
x = np.arange( -10.0, 10.0, 0.1)
y = sig(x)
plt.plot(x, y)
plt.ylim( -0.1, 1.1)
plt.show()
```

由图 5 - 59 可知，这个激活函数可以将输入转化为(0,1)间的数。

```
In  [235]:    1  def sig(x):
              2    return 2 / (1 + np.exp(-x))
              3  x = np.arange( -10.0, 10.0, 0.1 )
              4  y = sig(x)
              5  plt.plot(x,y)
```

In [5]:   [<matplotlib.lines.line2D at oxffle400>]

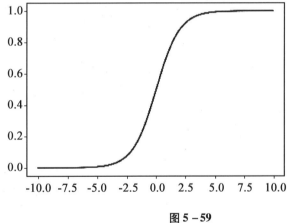

图 5 - 59

(2) Relu 函数。Relu 函数如下：

$$g(x) = \begin{cases} x, & x > 0 \\ 0, & x \leqslant 0 \end{cases}$$

Relu 函数的实现如下所示：

```
def re(x):
    return np.maximum(0, x)
x = np.arange( -5.0, 5.0, 0.1)
y = re(x)
plt.plot(x, y)
```

由图 5－60 可知,这个激活函数在输入不大于 0 时输出为 0,在输入大于 0 时输出为其自身值。

In [238]:
```
1  def re(x):
2    return np.maximum(0,x)
3  x = np.arange( -5.0, 5.0, 0.1 )
4  y = re(x)
5  plt.plot(x,y)
```

out [238]: [<matplotlib.lines.line2D at ox22f18550>]

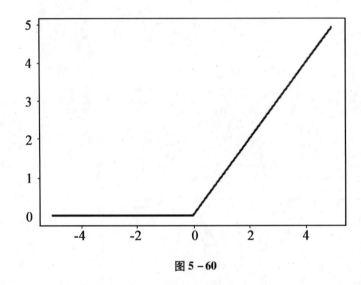

图 5－60

（3）tanh 函数。tanh 函数又称双曲正切（Hyperbolic Tangent）函数,功能类于 Sigmoid 函数,可以将输入值转换到 -1 ~ 1 之间,公式如下：

$$g(x) = \frac{e^x - e^{-x}}{e^x + e^{-x}} \tag{3}$$

```
def tanh(x):
    return (np.exp(x) - np.exp( -x)) /(np.exp(x) + np.exp( -x))
x = np.arange( -10.0, 10.0, 0.1)
y = tanh(x)
plt.plot(x, y)
```

执行结果如图 5－61 所示。

In [239]:
```
1  def tanh(x):
2    return (np.exp(x)-np.exp(-x)) / (np.exp(x) + np.exp(-x))
3  x = np.arange( -10.0, 10.0, 0.1 )
4  y = tanh(x)
5  plt.plot(x,y)
```

out [239]: [<matplotlib.lines.line2D at oxld2f4828>]

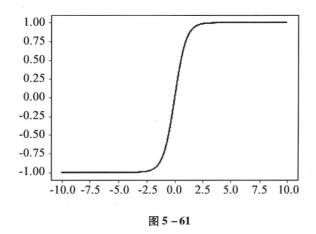

图 5－61

5.7.4 反向传播

反向传播(Back Propagation,BP)是"误差反向传播"的简称,是一种用来训练人工神经网络的常见方法。

算法的学习过程包括两个方面:

(1)正向传播过程。正向传播过程指神经网络的输入信息 x 通过输入层、经过一个或多个隐藏层,逐层处理传递给输出层。若输出层所得值不满足要求,即得不到所期望的值,则获取输出与目标值的误差的目标函数,并反向传播。

(2)反向传播过程。逐层求出误差函数关于神经网络中各层参数的偏导数,建立误差函数对权值向量的梯量,利用它们更新参数。神经网络对权值参数等不断更新,当误差满足期望则神经网络结束学习。

思考与练习题

一、简答题

1.举例说明全连接神经网络的前向传播是如何实现的,主要功能是什么。

2.全连接神经网络的反向传播基本原理是什么？有什么作用？

3.什么是激活函数？列出三种激活函数,并说明其功能。

二、程序设计题

使用 MNIST 手写数字数据集,用 TensorFlow 构建一个全连接神经网络,训练实现识别，编程实现其功能。

5.8 图像数据集的获取与标注

5.8.1 图像数据集的获取

在基于深度学习的图像处理中，图像数据集非常重要，对于数据集的获取一般有两种方式，利用已有的数据集或者自己建立数据集。

利用已有的数据集是比较常见的方式，尤其是在科学研究中更是如此。目前，有很多公开的图像数据集可供开发和研究人员使用。下面介绍其中有代表性的一些。

1. ImageNet

ImageNet 项目建立一个大型图像数据库，可以用于图像分类、目标定位、目标检测等多方面的研究，包含经 1 400 多万张图像标注图像。ImageNet 中的图像可分为 20 000 多个类别，每一类包括数百个图像。ImageNet 首页如图 5－62，数据集部分图片如图 5－63 所示。

该项目从 2010 年开始，每年举办名为“ImageNet Large－Scale Visual Recognition Challenge”的挑战赛，是计算机视觉领域最受追捧也是最重要的学术竞赛之一。每次比赛会从其数据集中抽取一部分样本，作为比赛所用的数据集。一些比较有名的网络模型如 AlexNet、VGG、ResNet(2015)等都与之相关。

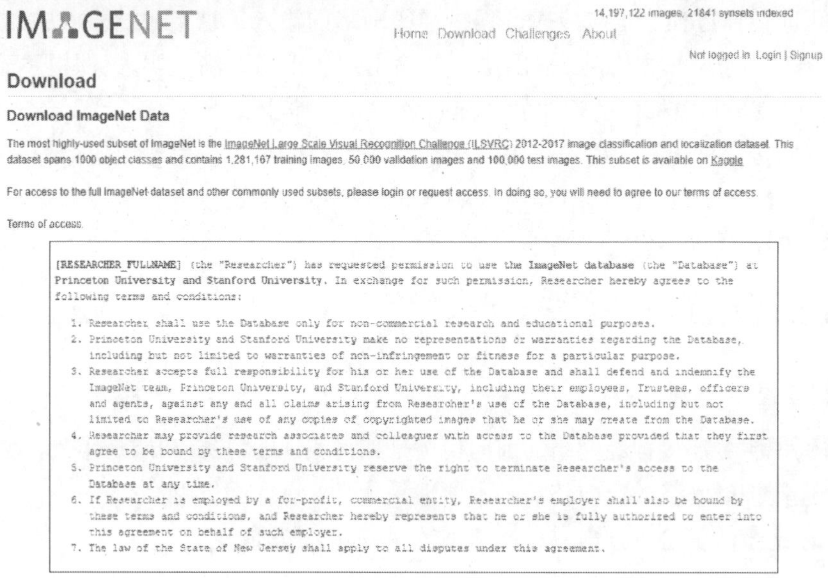
IMAGENET

14,197,122 images, 21841 synsets indexed

Home Download Challenges About

Not logged in. Login | Signup

Download

Download ImageNet Data

The most highly-used subset of ImageNet is the ImageNet Large Scale Visual Recognition Challenge (ILSVRC) 2012-2017 image classification and localization dataset. This dataset spans 1000 object classes and contains 1,281,167 training images, 50,000 validation images and 100,000 test images. This subset is available on Kaggle

For access to the full ImageNet dataset and other commonly used subsets, please login or request access. In doing so, you will need to agree to our terms of access.

Terms of access:

[RESEARCHER_FULLNAME] (the "Researcher") has requested permission to use the ImageNet database (the "Database") at Princeton University and Stanford University. In exchange for such permission, Researcher hereby agrees to the following terms and conditions:

1. Researcher shall use the Database only for non-commercial research and educational purposes.
2. Princeton University and Stanford University make no representations or warranties regarding the Database, including but not limited to warranties of non-infringement or fitness for a particular purpose.
3. Researcher accepts full responsibility for his or her use of the Database and shall defend and indemnify the ImageNet team, Princeton University, and Stanford University, including their employees, Trustees, officers and agents, against any and all claims arising from Researcher's use of the Database, including but not limited to Researcher's use of any copies of copyrighted images that he or she may create from the Database.
4. Researcher may provide research associates and colleagues with access to the Database provided that they first agree to be bound by these terms and conditions.
5. Princeton University and Stanford University reserve the right to terminate Researcher's access to the Database at any time.
6. If Researcher is employed by a for-profit, commercial entity, Researcher's employer shall also be bound by these terms and conditions, and Researcher hereby represents that he or she is fully authorized to enter into this agreement on behalf of such employer.
7. The law of the State of New Jersey shall apply to all disputes under this agreement.

图 5－62

ILSVRC2012_val _00000002　　ILSVRC2012_val _00000003　　ILSVRC2012_val _00000004　　ILSVRC2012_val _00000005

ILSVRC2012_val _00000010　　ILSVRC2012_val _00000011　　ILSVRC2012_val _00000012　　ILSVRC2012_val _00000013

ILSVRC2012_val _00000018　　ILSVRC2012_val _00000019　　ILSVRC2012_val _00000020　　ILSVRC2012_val _00000021

图 5 – 63

2. COCO 数据集

COCO 数据集是微软发布的一个大型图像数据集，在许多计算机视觉研究和应用中发挥着比较重要的作用。其应用领域包括目标检测、人脸检测、姿态估计等多个方面。

很多从事机器学习或者计算机视觉的开发人员、研究人员选择 COCO 数据集用于各种计算机视觉项目。图 5 – 64 所示为数据集中用于目标检测的图片样本，图 5 – 65 所示为部分用于姿态估计关键点检测的样本。

图 5 – 64

3. PASCAL VOC 数据集

PASCAL VOC 数据集已被广泛用作目标检测、语义分割和分类任务。PASCAL VOC

数据集提供了针对对象类识别的 VOC 挑战的标准图像数据集。常见包括：人、动物（如鸟、猫和牛）、交通工具（如飞机和火车）以及室内物品（如瓶子和椅子）。

图 5 - 65

以 PASCAL Visual Object Classes（VOC）2012 的数据集为例，它包含多个对象类别。包括交通工具，如飞机、自行车、船、公共汽车、摩托车、火车；还包括日常生活当中的物品，如瓶子、椅子、餐桌、盆栽植物、沙发、电视/监视器；还包括常见的动物，如鸟、猫、牛、狗、马、羊，当然也包括人。此数据集中的每个图像都有标记，如分割、边界框和对象类。

这个数据集被广泛应用为目标检测、图像分割和分类任务的标准数据集。用于分类与目标检测的部分数据样本如图 5 - 66 所示，用于图像分割的样本图像如图 5 - 67 所示。

图 5 - 66

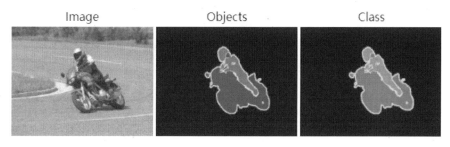

图 5 – 67

除了上述三种数据集以外,还有很多图像数据集,有些是专门针对某一类应用的数据集,有一些则是针对多方面应用的数据集。如 Caltech 图像数据集、CIFAR(Canada Institude for Advanced Research)数据集,Caltech 图像数据集的部分样本如图 5 – 68 所示。

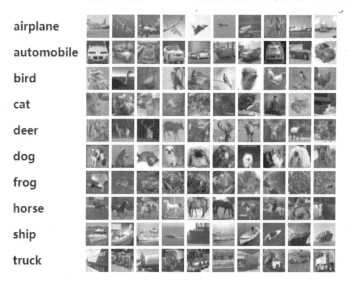

图 5 – 68

还有一些专门的图像数据集,如用于面部分类 AFLW(Annotated Facial Landmarks in the Wild),它是一个包括多姿态、多视角的大规模人脸数据库。INRIA Person Dataset 是常使用的行人检测数据集。

虽然有很多图像数据集,但在现实生活中,或者在实际开发中,所需要分类识别的对象可能难以获得公开的数据集,因此需要用户自己建立数据集。接下来,简单介绍图片标注的实现。

5.8.2 图像样本标注

图像标注指的是将标签添加到图像目标对象的过程。其目标范围既可以是在整个图像上使用一个标签,也可以对图像中目标对象添加标签,还可以对图像内的一些像素添标签。

图像标注与所要完成的任务相关,针对不同特定任务所进行的标注可能有所不同。典型的包括图像分类和目标检测。

(1)图像分类。图像分类的目的是将图像划分到不同类别,例如,典型的猫狗分类。在制定数据样本时,标记人员需要将包含狗的图像分配类别标签"dog",而对包含猫的图像则分配"cat"标签。图像分类标记如图5-69所示。

图5-69

(2)目标检测。目标检测的目的是对图像中的目标对象进行类别识别,并且需对目标区域进行位置定位,如图5-70所示,这不同于图像分类。

图5-70

图像标注还包括图像分割标注,如实例分割标注等,如图5-71所示。

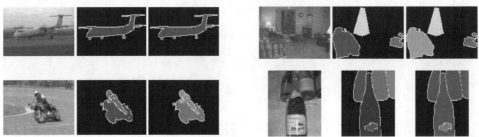

图5-71

标注工具:图像标注工具有很多,常用的包括 LabelImg、LabeIme、RectLabel、VOTT、LabelBox 等。这里介绍一下 LabelImg。

LabelImg 是一种具有较好的图像用户的图像注释工具,是一个免费的开源软件。它支持 PASCAL VOC 格式,这种格式也是 ImageNet 所使用的格式,还支持 YOLO 和 CreateML 格式,保存文件类型为 XML。

安装命令如下:

```
pip install labelimg
```

安装后,进入命令行模式,输入命令 labelimg 可以启动。功能界面比较简单,左侧工具栏可以方便地完成打开图像、保存图像、更改目录、更换格式等功能。左侧工具栏的详细选项如图 5 - 72 所示。右侧可以选择是否用默认标签。

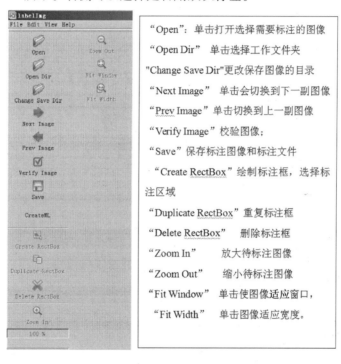

图 5 - 72

下面以完成一张图片的标注为例说明其使用方法。图 5 - 73 所示为一张花的图片,下面选择花瓣区域进行标注。假设样本保存在 c:\biaozhu 文件夹下,并且保存标注信息在同一目录下,则选择"Change Save Dir"选定 c:\biaozhu,如图 5 - 74 所示。

图 5 - 73

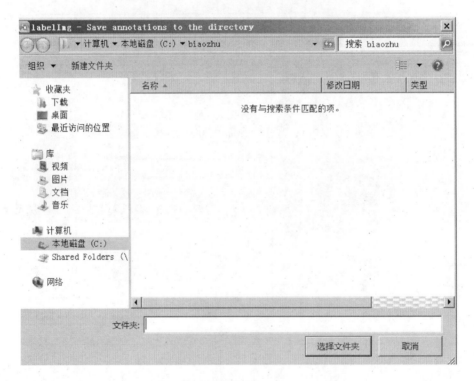

图 5 - 74

选择"Open Dir",单击选择工作文件夹为 c：\biaozhu,选择"Next Image"或"Prev Im-age"切换需要标注的图像,如图 5 - 75 所示。

图 5 - 75

单击左侧工具栏"Create RectBox",拖拽鼠标,选择花所在区域,确定标注对象区域,并命名类别为 flower,如图 5 - 76 所示。标注完后,选择"save"保存,接下来可以对后边的图像进行标注。

图 5 - 76

类型切换:可通过单击"PascalVOC"更换标签类型。除了保存为 XML 文件的 PAS-CAL VOC 格式,还可以选择 YOLO 和 CreateML 格式。

查看保存目录,会发现多了一个 flower. xml 文件,其标注信息如图 5 - 77 所示。

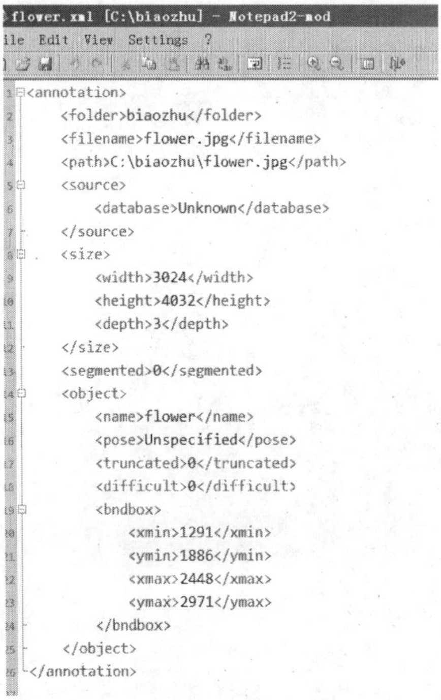

```
<annotation>
    <folder>biaozhu</folder>
    <filename>flower.jpg</filename>
    <path>C:\biaozhu\flower.jpg</path>
    <source>
        <database>Unknown</database>
    </source>
    <size>
        <width>3024</width>
        <height>4032</height>
        <depth>3</depth>
    </size>
    <segmented>0</segmented>
    <object>
        <name>flower</name>
        <pose>Unspecified</pose>
        <truncated>0</truncated>
        <difficult>0</difficult>
        <bndbox>
            <xmin>1291</xmin>
            <ymin>1886</ymin>
            <xmax>2448</xmax>
            <ymax>2971</ymax>
        </bndbox>
    </object>
</annotation>
```

图 5－77

可以看到图 5－77 包含选中区域信息和对象类名。一个简单的标注过程完成。

思考与练习题

一、简答题

简述三种常用的图像数据集，介绍其组成和应用领域。

二、综合练习

1. 选择现实生活中某类或某几类物品，也可以是动植物等，获取图像样本，标注并建立数据集。

2. 利用第 1 题中已建立好的数据集实现分类。

5.9 基于深度学习的图像分类与目标检测

图像分类指的是对于一个图像，如何将其关联到对应类别标签的过程。图像分类的基本方法是通过选择特征，按照某种规则或算法将图像划分为不同的类别。

如图 5－78 所示，对于一幅猫的图片，假设已存在多个类别，如猫、狗、牛、羊、老虎等，判断这幅图像属于哪一类，这一过程就是分类。当然，也可能是有不同的猫的品种，判断其属于哪一品种的类。

目标检测则是确定目标在给定图像中的位置的过程,即目标定位,同时还需要确定目标属于哪一类,即目标分类。也就是说,目标检测需要用到图像分类技术,而且除了分类之外,还需要识别目标的位置。图 5-79 所示是目标检测实例。

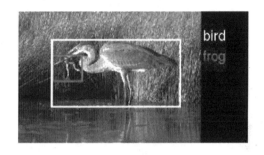

图 5-78　　　　　　　　　　　　图 5-79

5.9.1　基于深度学习的图像分类

一般的图像分类方法可分为两种:有监督分类(Supervised Classification)与无监督分类(Unsupervised Classification)。目前应用比较广泛的是有监督分类。

(1)有监督图像分类。有监督图像分类的常见方法是通过机器学习的方法,其基本流程是:

①获得图像数据集,数据集要包含标签。

②使用一定的机器学习算法来训练分类器。

③在测试图像上对分类器进行评估。

(2)无监督图像分类。无监督分类与监督分类的本质区别在于无监督分类无先验知识,而仅凭图像的特征进行分类,将相似的图像分为一类。它不包含图像的类别标注信息,需要通过聚类的方式获得图像的类别。

近年来,基于深度学习的分类和检测是个研究热点,它属于有监督图像分类。

基于深度学习的图像分类典型模型包括:

①LeNet:一般认为 LeNet 是最早的卷积神经网络(Convolutional Neural Network, CNN),是 20 世纪 90 年代提出的,采用了卷积层、池化层等。

②AlexNet:它首次在 CNN 中成功应用了 ReLU、Dropout 等,并在 ImageNet 大规模视觉识别挑战赛中获胜。

③VGG:VGG 是由牛津大学的 Visual Geometry Group 开发,获得了 2014 年的 ImageNet 大赛的第 2 名。它采用了的 3×3 卷积核,并使用了更深的网络,包括 VGG16 和 VGG19。

在上述模型中,卷积层是构成各个网络的核心。接下来看一个基于卷积神经网络的图像分类例子。

下面是一个基于卷积神经网络的手写数字分类例子,数据集采用的是 mnist 手写数据集。

首先采用 Keras 通过搭建一个简单的全连接神经网络来实现分类:

```
①from keras.datasets import mnist
②from keras import models,layers
③from keras.utils import to_categorical
Import matplotlib.pyplot as plt
④(X_train, y_train), (X_test, y_test) = mnist.load_data()
⑤model = models.Sequential()
⑥model.add(layers.Dense(128, activation ='relu', input_shape =
(28 * 28,)))
model.add(layers.Dense(10, activation ='softmax'))
⑦model.compile( loss ='categorical_crossentropy',
                optimizer ='sgd', metrics =['accuracy'])
X_train = X_train.reshape((60000, 28 * 28))
X_train = X_train.astype('float32') /255
X_test = X_test.reshape((10000, 28 * 28))
X_test = X_test.astype('float32') /255
y_train = to_categorical(y_train)
y_test = to_categorical(y_test)
⑧history = model.fit(X_train, y_train , epochs =10, batch_size
=16)
loss = history.history['loss']
epochs = range(1, len(loss) + 1)
plt.plot(epochs, loss, 'blue', label ='Loss')
plt.legend()
plt.show()
```

代码各部分主要功能如下:

在①处导入 mnist 样本的数据集模块;在②处导入 mode 模块和 layers 模块,可以用来建立神经网络模型;在③处导入 to_categorical 函数,其作用是将标签转化为 Onehot 的形式;在④处载入 mnist 数据集;在⑤处定义模型为顺序型(Sequential);在⑥处添加全连接层;在⑦处编译模型,并设置误差函数'categorical_crossentropy',优化器选用随机梯度下降(Stochastic Gradient Descen,SGD);在⑧处用 fit 函数来进行模型的训练,其中第一个和第二个参数分别为训练集输入数据和真实值(目标值)。将所有的数据送入网络中完成一次计算和反向传播,这一过程称为一个 epoch,指训练多少轮,batch_size 是一次训练所送入的数据样本数量。

训练过程和结果如图 5 - 80 所示。

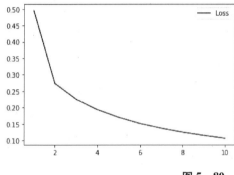

```
3750/3750 [==============================] - 4s 980us/step - loss: 0.2736 - accuracy: 0.9238
Epoch 3/10
3750/3750 [==============================] - 4s 1ms/step - loss: 0.2251 - accuracy: 0.9367
Epoch 4/10
3750/3750 [==============================] - 4s 983us/step - loss: 0.1933 - accuracy: 0.9454
Epoch 5/10
3750/3750 [==============================] - 3s 928us/step - loss: 0.1696 - accuracy: 0.9517
Epoch 6/10
3750/3750 [==============================] - 4s 985us/step - loss: 0.1510 - accuracy: 0.9578
Epoch 7/10
3750/3750 [==============================] - 4s 983us/step - loss: 0.1368 - accuracy: 0.9615
Epoch 8/10
3750/3750 [==============================] - 4s 1ms/step - loss: 0.1249 - accuracy: 0.9653
Epoch 9/10
3750/3750 [==============================] - 4s 958us/step - loss: 0.1151 - accuracy: 0.9685
Epoch 10/10
3750/3750 [==============================] - 4s 994us/step - loss: 0.1064 - accuracy: 0.9707
```

图 5 - 80

可以看到,随着训练次数增加,误差(Loss)逐步减少,同时,准确率(Accuracy)逐渐上升。接下来,通过建立卷积神经网络来进行分类,代码如下:

```
from keras import models
from keras.layers import Conv2D, MaxPool2D
from keras.layers import Dense, Flatten
from keras.utils import to_categorical
from keras.layers.normalization import BatchNormalization
from keras.datasets import mnist
import matplotlib.pyplot as plt
(x_train, y_train),(x_test, y_test) = mnist.load_data()
x_train = x_train.reshape((60000, 28, 28, 1))
x_train = x_train.astype('float32') /255
```

```
x_test = x_test.reshape((10000, 28, 28, 1))
x_test = x_test.astype('float32') /255
y_train = to_categorical(y_train)
y_test = to_categorical(y_test)
model = models.Sequential()
model.add(Conv2D(32, kernel_size =(5,5), activation ='relu', in-
put_shape =(28, 28, 1)))
model.add(MaxPool2D(pool_size =(2,2)))
model.add(BatchNormalization())
①model.add(Conv2D(64, kernel_size =(5,5), activation ='relu'))
②model.add(MaxPool2D(pool_size =(2,2)))
③model.add(BatchNormalization())
model.add(Flatten())
model.add(Dense(64, activation ='relu'))
model.add(Dense(10, activation ='softmax'))
model.compile(loss = "categorical_crossentropy", optimizer = "
adam", metrics =["accuracy"])
history = model.fit(x_train, y_train, epochs =10, batch_size =64)
loss = history.history['loss']
epochs = range(1, len(loss) + 1)
plt.plot(epochs, loss, 'blue', label ='Loss')
plt.legend()
plt.show()
```

码中部分功能介绍下:在①处添加卷积层,参数包括卷积核个数、卷积核大小和激活函数;在②处添加池化层;在③处添加 BN(Batch Normalization)层。

5.9.2 基于深度学习的目标检测

目标检测的传统方法是基于 Viola Jones 检测器、HOG 检测器等特征检测器的方法,这些方法的缺点是准确率较低。近年来基于深度学习的目标检测取得了较大进展,所用方法主要分为 Two – stage 和 One – stage 两类。其中,Two – stage 方法的基本思想是先由算法生成一系列候选区域,再通过神经网络分类器进行分类,典型方法包括 R – CNN 等。而 One – stage 方法没有候选区域,而是直接获得目标的位置和概率,典型方法包括 YOLO、SSD 等。

1. Two – stage 方法

(1)R – CNN 算法。这种方法将卷积神经网络引入目标检测。其基本思想是通过选择性搜索(Selective Search)生成候选区域,对每个候选区域利用神经网络获取特征向量,并通过 SVM 分类器完成分类。

(2)SPP – Net 算法。这种方法通过在卷积层后添加金字塔池化层来完成对任意大小图像的支持。

(3)Fast R – CNN 算法。这种方法通过引入 ROI 池化层,对不同大小的候选区域生成相同大小的特征图,并使用 Softmax 完成分类,采用回归完成边框生成。

(4)Faster R – CNN 算法。这种方法是在 Fast R – CNN 算法的基础上进行进一步改进。由于选择性搜索会获得大量的候选区域,因此会花费较多时间。而 Faster R – CNN 通过采用区域建议网络(Region Proposal Network)来生成候选区域,由锚点(Anchor)和边框回归(Bounding Box Regression)来获得候选区域。这种方法能够获得较快的速度。

(5)Mask R – CNN 算法。这种方法可以完成实例分割,实例分割可在语义分割的基础上获得更为精细的分割。这种方法的基本思想是在 Faster R – CNN 上又添加了 Mask 分支完成语义分割,Mask 分支是通过全卷积神经网络(Fully Convolutional Networks)来完成图像的分割。

2. One – stage 方法

(1)YOLO(You Only Look Once)算法。其基本思想是将目标检测转换为边框回归问题,这种方法构建了一个包括卷积层、目标检测层和非极大值抑制(Non – maximum Suppression)筛选层的神经网络。YOLO 通过回归完成目标检测,速度较快但召回率较低。通过对这种方法的不断改进,陆续出现了 YOLOv2、YOLOv3 和 YOLOv4 等一系列方法。这些方法通过引入锚点、批归一化技术、改进网络结构和 Loss 函数,采用空间金字塔池化(Spatial Pyramid Pooling)等一系列方法提高性能。

一个基于 YOLOv3 的行人检测例子如图 5 – 81 所示。

图 5 – 81

(2)SSD(Single Shot Multibox Detector)算法。该算法是另一种典型的 One – stage 目标检测算法,通过预设一组边框,采用金字塔结构实现多层、多尺度目标检测,从而使目标检测精确度更高。这种方法结合了 YOLO 和 Faster R – CNN 的特点，能够获得较好的速度和准确率。

目标检测的传统方式还包括基于 Haar 特征的级联分类器等，将在下一章介绍。

思考与练习题

1. 简述三种当前流行的图像分类、目标检测方法，包括名称、原理和特点。
2. 图像分类和目标检测有什么区别？举例说明。

第6章 基于机器人的视觉应用

6.1 Aelos Smart 的视觉系统简介

前面介绍了图像处理与计算机视觉的一些基础原理和应用,接下来以机器人为平台,进一步介绍基于机器人的视觉应用。

6.1.1 Aelos Smart 的视觉系统硬件构成

Aelos Smart 机器人的摄像头包括两个,分别位于头部和前胸下方,可以实现对前方和地面的环境信息采集。该机器人的外形如图 6-1 所示。

摄像头　　　　　　　　　　　　　　　　　　摄像头

图 6-1

6.1.2 登录 Aelos Smart

要想应用视觉系统,首先要配置好机器人所在网络的相应信息。在配置完相关网络信息、地址信息后,可以通过 SSH 访问 Aelos Smart 的内部 Ubuntu 操作系统,使用机器人。其基本过程如下:

(1)启动 SSH,连接到 Aelos Smart 机器人,如图 6-2 所示。

图 6 - 2

此处,假定已配置好机器人的 ip 是 192.168.1.125。

(2)连接机器人,显示如图 6 - 3 所示信息。

图 6 - 3

输入密码,可以连接进入机器人内部的操作系统。如图 6 - 4 所示。

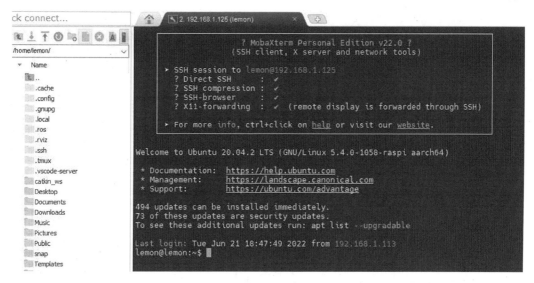

图 6 - 4

可以看到,其采用了树莓派 Ubuntu 系统。

6.1.3 Aelos Smart 的视觉系统的简单使用流程

1. 查看 ROS 版本信息

输入如下命令查看 ROS 版本信息:

```
echo $ROS_DISTRO
```

则可看到图 6 - 5 所示信息。

```
lemon@lemon:~$ echo $ROS_DISTRO
noetic
```

图 6 - 5

可采用第 4 章中的方法建立工作空间和功能包,并进行编译。

2. 编译功能包

输入如下命令对包含在工作空间中一些功能包进行编译:

```
cd ~
cd catkin_ws
catkin_make
```

则显示如图 6 - 6 所示信息。

```
lemon@lemon:~/catkin_ws$ ls
build  devel  src
lemon@lemon:~/catkin_ws$ catkin_make
Base path: /home/lemon/catkin_ws
Source space: /home/lemon/catkin_ws/src
Build space: /home/lemon/catkin_ws/build
Devel space: /home/lemon/catkin_ws/devel
Install space: /home/lemon/catkin_ws/install
####
#### Running command: "make cmake_check_build_system" in "/home/lemon/catkin_ws/build"
####
#### Running command: "make -j4 -l4" in "/home/lemon/catkin_ws/build"
[  0%] Built target std_msgs_generate_messages_nodejs
```

图 6-6

3. 查看摄像头信息

编译成功后,同样要对环境变量进行更新。使用如下命令:

```
source devel/setup.bash
```

4. 查看摄像头是否工作正常

安装成功后,可通过如下命令打开摄像头,查看是否可以正常使用摄像头:

```
roscore
roslaunch usb_cam usb_cam-test.launch
```

则显示图 6-7 所示信息。其中/usb_cam/video_device:/dev/video0 是摄像头信息。

```
lemon@lemon:~$ roslaunch usb_cam usb_cam-test.launch
... logging to /home/lemon/.ros/log/39fd4776-f365-11ec-83a1-d50467cbc9e8/roslaunch-lemon-29652.log
Checking log directory for disk usage. This may take a while.
Press Ctrl-C to interrupt
Done checking log file disk usage. Usage is <1GB.

started roslaunch server http://lemon:45159/

PARAMETERS
 * /image_view/autosize: True
 * /rosdistro: noetic
 * /rosversion: 1.15.9
 * /usb_cam/camera_frame_id: usb_cam
 * /usb_cam/image_height: 480
 * /usb_cam/image_width: 640
 * /usb_cam/io_method: mmap
 * /usb_cam/pixel_format: yuyv
 * /usb_cam/video_device: /dev/video0

NODES
  /
    image_view (image_view/image_view)
    usb_cam (usb_cam/usb_cam_node)

ROS_MASTER_URI=http://localhost:11311

process[usb_cam-1]: started with pid [29711]
process[image_view-2]: started with pid [29712]
[ INFO] [1656037761.096800820]: Initializing nodelet with 4 worker threads.
[ INFO] [1656037762.154552480]: Using transport "raw"
[ INFO] [1656037762.363081436]: using default calibration URL
[ INFO] [1656037762.366520980]: camera calibration URL: file:///home/lemon/.ros/camera_info/head_camera.yaml
[ INFO] [1656037762.369686080]: Starting 'head_camera' (/dev/video0) at 640x480 via mmap (yuyv) at 30 FPS
```

图 6-7

图 6-8 所示为机器人与物体的前视和俯视图。启动摄像头功能包,摄像头正常打开,若捕捉到的画面信息如图 6-9 所示(头部摄像头),则说明已经正常安装。

图 6 – 8

图 6 – 9

可以修改启动文件 usb_cam – test. launch, 修改/usb_cam/video_device：/dev/video0 为/usb_cam/video_device：/dev/video2 的命令如下：

```
roscd usb_cam
cd launch
sudo gedit usb_cam – test.launch
```

则显示图 6 – 10 所示信息。

```
1 <launch>
2   <node name="usb_cam" pkg="usb_cam" type="usb_cam_node" output="screen" >
3     <param name="video_device" value="/dev/video2" />
4     <param name="image_width" value="640" />
5     <param name="image_height" value="480" />
6     <param name="pixel_format" value="yuyv" />
7     <param name="camera_frame_id" value="usb_cam" />
8     <param name="io_method" value="mmap"/>
9   </node>
10  <node name="image_view" pkg="image_view" type="image_view" respawn="false" output="screen">
11    <remap from="image" to="/usb_cam/image_raw"/>
12    <param name="autosize" value="true" />
13  </node>
14 </launch>
```

图 6 – 10

启动后可观察到另外一个摄像头捕捉的画面如图 6 – 11 所示。

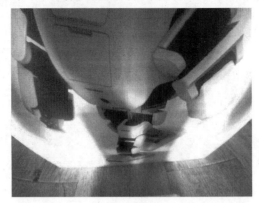

图 6 – 11

思考与练习题

一、简答题

1. Aelos Smart 包含几个摄像头，位于哪里？

2. 如何查看 ROS 版本信息？

二、操作题

登录 Aelos Smart 的操作系统，并打开摄像头。

6.2　计算机与机器人间的传输图像

对于图像信息的处理，既可以在机器人端进行，也可以通过机器人与计算机连接，在计算机端进行，还可以在安装有 ROS 的计算机和机器人间建立通信来完成。

6.2.1　基本原理

ROS 是一种分布式架构的系统，可以支持多个计算机或机器人节点通信。对多个机器部署 ROS 系统也比较方便，但是要求满足如下条件：

①它是松散耦合的，虽然可以包含多个运行 ROS 的计算机或机器人节点，但只能有一个 Master 节点。对于多个运行 ROS 的节点，可以依据需要选择其中一个作为 Master 节点。

②各个节点必须配置使用同一个 Master 节点，通过设置环境变量 ROS_MASTER_URI 来实现。

节点间可以通过话题、参数等实现通信。要实现安装有 ROS 的多个计算机或机器人之间的通信,首先要了解一些 ROS 环境变量。

(1) ROS_MASTER_URI。这个环境变量的作用是告诉节点在哪里可以找到 Master 节点的 IP 地址。

ROS_MASTER_URI 的表示如下所示:

```
ROS_MASTER_URI = http://192.168.1.123:11311
```

其中包括 Master 节点的 IP 和端口号,即需要在这一 IP 节点启动 roscore。

(2) ROS_IP/ROS_HOSTNAME。对于运行 ROS 的计算机或机器人节点,可以通过该变量来识别,其功能是设置 ROS 节点、机器人等的网络地址。

对于多个运行 ROS 的计算机或机器人,可以通过设置这些环境变量来实现它们的通信。

下面以一台运行 ROS 的计算机和一个运行 ROS 的 Aelos Smart 机器人之间的通信为例,介绍一下通信的基本流程。

6.2.2　计算机与机器人通信的基本流程

计算机与机器人通信的基本流程主要包括两方面,即计算机端和机器人端的配置。这里假设两台计算机在同一局域网内。

1. 计算机端

(1) 通过 SSH 连接到机器人。输入以下命令查看机器人端的 IP 地址:

```
ifconfig
```

则可显示图 6 - 12 所示信息。

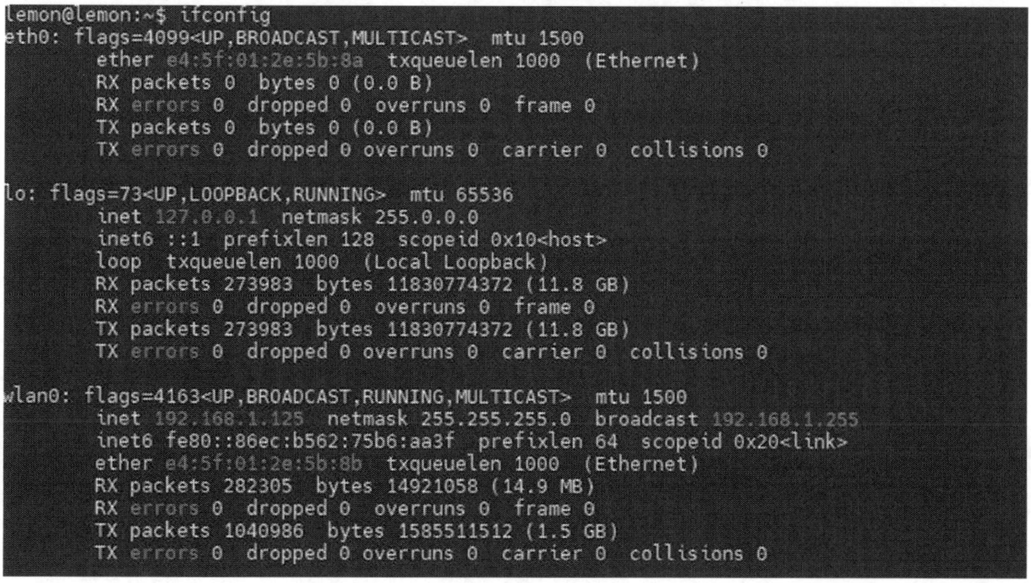

```
lemon@lemon:~$ ifconfig
eth0: flags=4099<UP,BROADCAST,MULTICAST>  mtu 1500
        ether e4:5f:01:2e:5b:8a  txqueuelen 1000  (Ethernet)
        RX packets 0  bytes 0 (0.0 B)
        RX errors 0  dropped 0  overruns 0  frame 0
        TX packets 0  bytes 0 (0.0 B)
        TX errors 0  dropped 0 overruns 0  carrier 0  collisions 0

lo: flags=73<UP,LOOPBACK,RUNNING>  mtu 65536
        inet 127.0.0.1  netmask 255.0.0.0
        inet6 ::1  prefixlen 128  scopeid 0x10<host>
        loop  txqueuelen 1000  (Local Loopback)
        RX packets 273983  bytes 11830774372 (11.8 GB)
        RX errors 0  dropped 0  overruns 0  frame 0
        TX packets 273983  bytes 11830774372 (11.8 GB)
        TX errors 0  dropped 0 overruns 0  carrier 0  collisions 0

wlan0: flags=4163<UP,BROADCAST,RUNNING,MULTICAST>  mtu 1500
        inet 192.168.1.125  netmask 255.255.255.0  broadcast 192.168.1.255
        inet6 fe80::86ec:b562:75b6:aa3f  prefixlen 64  scopeid 0x20<link>
        ether e4:5f:01:2e:5b:8b  txqueuelen 1000  (Ethernet)
        RX packets 282305  bytes 14921058 (14.9 MB)
        RX errors 0  dropped 0  overruns 0  frame 0
        TX packets 1040986  bytes 1585511512 (1.5 GB)
        TX errors 0  dropped 0 overruns 0  carrier 0  collisions 0
```

图 6 - 12

可以获取机器人的 IP 地址,这里是 192.168.1.125,查看一下计算机与机器人之间是否联通,可在计算机端输入如下命令:

```
ping 192.168.1.125
```

如果显示图 6-13 所示信息,则说明网络已经连接成功,可以进行后面的配置。

```
#:~$ping 192.168.1.125
PING 192.168.1.125 (192.168.1.125) 56(84) bytes of data.
64 bytes from 192.168.1.125: icmp_seq=1 ttl=64 time=61.9 ms
64 bytes from 192.168.1.125: icmp_seq=2 ttl=64 time=55.3 ms
64 bytes from 192.168.1.125: icmp_seq=3 ttl=64 time=90.5 ms
64 bytes from 192.168.1.125: icmp_seq=4 ttl=64 time=129 ms
64 bytes from 192.168.1.125: icmp_seq=5 ttl=64 time=42.3 ms
64 bytes from 192.168.1.125: icmp_seq=6 ttl=64 time=51.3 ms
64 bytes from 192.168.1.125: icmp_seq=7 ttl=64 time=105 ms
64 bytes from 192.168.1.125: icmp_seq=8 ttl=64 time=23.5 ms
64 bytes from 192.168.1.125: icmp_seq=9 ttl=64 time=34.4 ms
64 bytes from 192.168.1.125: icmp_seq=10 ttl=64 time=64.0 ms
64 bytes from 192.168.1.125: icmp_seq=11 ttl=64 time=44.2 ms
64 bytes from 192.168.1.125: icmp_seq=12 ttl=64 time=36.5 ms
64 bytes from 192.168.1.125: icmp_seq=13 ttl=64 time=56.0 ms
64 bytes from 192.168.1.125: icmp_seq=14 ttl=64 time=62.8 ms
64 bytes from 192.168.1.125: icmp_seq=15 ttl=64 time=54.1 ms
64 bytes from 192.168.1.125: icmp_seq=16 ttl=64 time=25.1 ms
64 bytes from 192.168.1.125: icmp_seq=17 ttl=64 time=119 ms
```

图 6-13

(2)配置 ROS_MASTER_URI 信息。选择 Master 节点,这里假设计算机为 Master 节点。可通过添加如环境变量完成设置。

```
export ROS_MASTER_URI = http://192.168.1.123:11311
export ROS_IP = 192.168.1.125
```

2. 机器人端

机器人端要进行类似的设置,由于其与计算机端采用同一 Master 节点,因此可通过添加如环境变量完成设置。

同样,配置 ROS_MASTER_URI 信息:

```
export ROS_MASTER_URI = http://192.168.1.123:11311
export ROS_IP = 192.168.1.123
```

6.2.3　计算机与机器人通信测试

首先在 Master 节点输入如下命令:

```
roscore
```

则会显示图 6-14 所示信息。

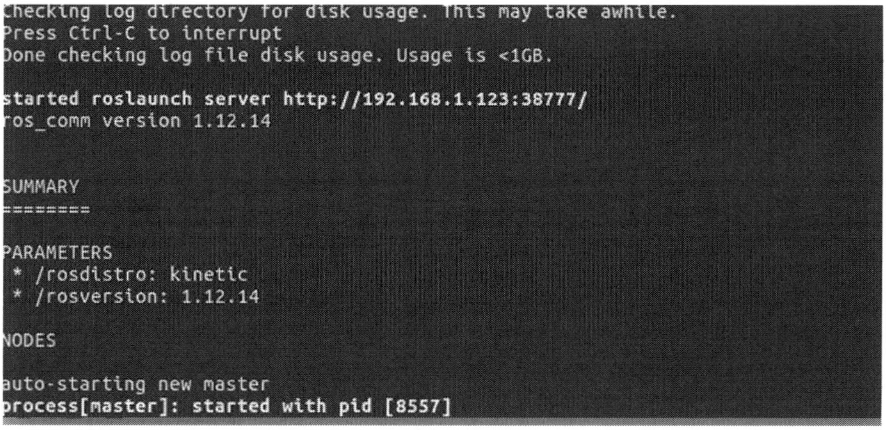

```
Checking log directory for disk usage. This may take awhile.
Press Ctrl-C to interrupt
Done checking log file disk usage. Usage is <1GB.

started roslaunch server http://192.168.1.123:38777/
ros_comm version 1.12.14


SUMMARY
========

PARAMETERS
 * /rosdistro: kinetic
 * /rosversion: 1.12.14

NODES

auto-starting new master
process[master]: started with pid [8557]
```

图 6 – 14

然后在机器人端输入如下命令：

```
rostopic list
```

可查看如图 6 – 15 所示话题列表。

```
lemon@lemon:~$ rostopic list
/image_view/output
/image_view/parameter_descriptions
/image_view/parameter_updates
/rosout
/rosout_agg
/usb_cam/image_raw
```

图 6 – 15

同样的命令还可查看计算机端的话题列表，如图 6 – 16 所示。由图可知，在机器人端，虽然没有启动 roscore，但是可收到话题列表，说明通信成功。

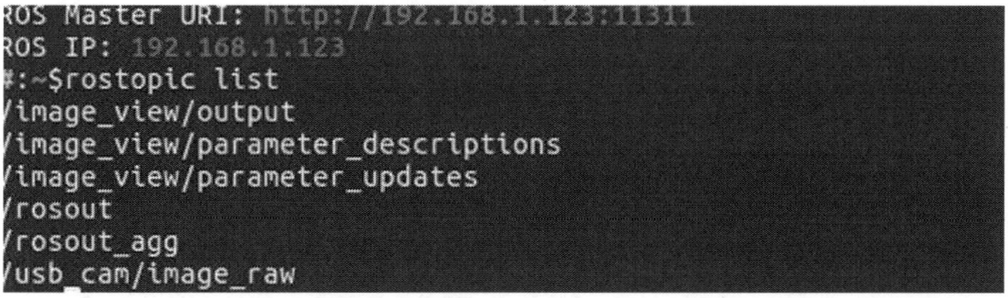

```
ROS Master URI: http://192.168.1.123:11311
ROS IP: 192.168.1.123
#:~$rostopic list
/image_view/output
/image_view/parameter_descriptions
/image_view/parameter_updates
/rosout
/rosout_agg
/usb_cam/image_raw
```

图 6 – 16

下面再来看一个具体的应用。

小海龟控制：在机器人端启动小海龟仿真，并且在计算机端进行控制。

首先在机器人端启动，输入如下命令：

```
rosrun turtlesim turtlesim_node
```

则显示图 6 – 17 所示效果。

在计算机端输入如下命令进行控制：

```
rosrun turtlesim turtle_teleop_key
```

则可以在计算机端控制小海龟的运动,显示图 6 – 18 所示画面。

图 6 – 17

图 6 – 18

6.2.4　计算机与机器人传递图像

由上面的一些例子可以看出,通过话题可以实现安装 ROS 的计算机和安装 ROS 的机器人间的通信。

在机器人端启动摄像头,可输入如下命令：

```
roslaunch usb_cam usb_cam – test.launch
```

在计算机端输入以下命令：

```
rosrun image_view image_view image: = /usb_cam/image_raw
```

实验环境如图 6 – 19(a)所示,应用机器人胸部下方的摄像头,则会显示如图 6 – 19(b)所示图像,说明成功获取机器人端的摄像头信息。

(a)环境信息

(b)计算机端图像

图 6 – 19

思考与练习题

一、简答题

1. 对多个机器部署 ROS 系统时要满足哪些条件?

2. 环境变量 ROS_MASTER_URI 的作用是什么?

3. 环境变量 ROS_IP 的作用是什么?

二、操作题

1. 配置 2 个运行 ROS 系统的计算机或机器人,实现它们之间的通信。

2. 对于运行 ROS 系统的一台计算机和 Aelos Smart 机器人,实现它们之间的图像传输。

6.3 图像特征点检测与提取

随着数字图像处理技术的不断发展,对于图像的理解与识别越来越受到人们的重视。虽然人可以很容易地从一副图像中识别出图像内包含的物体,比如人物、动物、植物、汽车、飞机等,但对于计算机,如何实现应用一定的图像处理技术来识别出某种物体(目标),仍是计算机视觉中一个重要的问题。

而要进行物体识别和分类一般需要依赖物体的特征,如何实现特征的提取和检测,进而依据计算机检测和提取到的特征来实现对于图像内的物体的识别需要用到特征检测技术。

图像特征一般可以分为自然特征以及人工特征两类。所谓人工特征指的是通过一些方法为满足某一图像处理和分析任务而人为确定的图像特征,常见的包括前面章节中介绍的图像直方图、频谱特征和各种统计特征等。另外一类是自然特征,常见的包括图像的边缘特征、角点特征、纹理特征,以及形状和颜色特征等。

在前面的章节中,介绍了对边缘特征的检测方法。这一节将介绍图像特征点的提取和检测方法。近些年,图像的点特征应用十分广泛,如将特征点应用匹配两个图像,通过在两幅图像中找到匹配点完成图像匹配。还有物体识别、人脸识别,以及运动恢复结构算法(Structure From Motion)等。

6.3.1 图像特征点简介

图像特征点传统上一般指的是图像灰度值发生剧烈变化的点。自然图像一般是连续色调、多级灰度的。如果图像中存在一个非常小的区域,这个区域内的灰度相对其相邻区域的像素灰度有着明显的变化,则这个区域称为图像点。

一般所说的图像特征点是图像中具有鲜明特性并能够有效反映图像本质特征、标识图像中目标物体的点。特征点也可称为兴趣点、关键点等,包括 Harris 角点,以及 SIFT、SURF 等人工特征点。

特征点一般包括关键点(Key – point)和描述子(Descriptor)两方面信息。关键点包括特征点在图像中的位置信息等;而描述子则通常是一个描述关键点周围像素信息的向量。

角点特征近些年应用比较多,图像的角点也有不同的一些定义,如两条直线相交的顶点是角点,二维图像灰度值变化剧烈的点或图像边缘曲线上曲率的极大值点也是角点。

人工特征点是近些年研究和应用较多的方法。为了满足实际的需求,希望特征点具有更好的鲁棒性,以更好地满足应用,适应环境的变化。

近二三十年出现的如 SIFT、SURF 等人工特征点方法,具有比较好的旋转不变性特征,广泛应用于目标分类与检测等方面。

6.3.2 Harris 角点

特征提取主要包括两步:(1)特征检测,由于并不是所有的图像区域都适合提取特征,所以要先确定特征的位置,这就需要特征检测。(2)特征提取。提取窗口的方向、编码内容等。

Harris 角点检测原理:使用一个窗口在待检测图像上进行任意方向上的滑动,通过比较窗口内像素的灰度变化来判定是否包含角点。当窗口在图像上移动时,如果窗口在任意方向上的滑动都导致较大灰度值的变化,则窗内包含角点。在平坦区域,在任意方向移动,没有灰度变化。同样,沿着边缘方向移动也无灰度变化。而对于角点区域,沿着任意方向移动都会有明显的灰度变化。

Harris 角点检测器定义了如下公式来实现上述三种情况:

$$E(u,v) = \sum_{x,y} w(x,y) \left[I(x+u, y+v) - I(x,y) \right]^2$$

式中,$E(u,v)$ 是窗口平移 (u,v) 时产生的灰度变化,其代码实现如下:

```python
import cv2
import numpy as np
#读取图像
img_name = 'gantrycrane.png'
img = cv2.imread(img_name)
img_gray = cv2.cvtColor(img,cv2.COLOR_BGR2GRAY)
gray = np.float32(img_gray)
#harris 检测
dst = cv2.cornerHarris(gray,2,3,0.04)
dst = cv2.dilate(dst,None)
```

```
img[dst > 0.01 * dst.max()] = [0,0,255]
cv2.imshow('dst',img)
if cv2.waitKey(0) & 0xff = = 27:
    cv2.destroyAllWindows
```

输出结果如图 6 – 20。

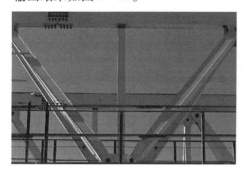

6 – 20

Harris 角点具有对亮度和对比度的变化不敏感,以及旋转不变性的特点。旋转45°后并进行检测的代码如下:

```
import cv2
import numpy as np
from PIL import Image
#读取图像
img_name = 'gantrycrane.png'
img = Image.open(img_name)
img.rotate(45).save('img_rotate_45.png')#旋转45度
img_rotated = 'img_rotate_45.png'
img = cv2.imread(img_rotated)
img_gray = cv2.cvtColor(img,cv2.COLOR_BGR2GRAY)
gray = np.float32(img_gray)
#harris 检测
dst = cv2.cornerHarris(gray,2,3,0.04)
dst = cv2.dilate(dst,None)
img[dst > 0.01 * dst.max()] = [0,0,255]
cv2.imshow('dst',img)
if cv2.waitKey(0) & 0xff = = 27:
    cv2.destroyAllWindows
```

结果如图 6 – 21 所示。可以看到,即使图片旋转,仍能检测出 Harris 角点,说明其具有一定的旋转不变性。

图 6 – 21

除了 Harris 角点之外,还包括其他一些常用的特征点。下面简单看一下对于上述图像,采用不同特征点方法检测与提取的效果。

6.3.3　SIFT 特征点

SIFT(Scale Invariant Feature Transform)特征点:这种方法于 1999 年由 David Lowe 所提出,其具有以下一些特点:

(1)它是一种图像的局部特征,具有对旋转、缩放的保持不变性。

(2)区分性(Distinctiveness)很好,可以在包含大量特征的大型物体数据库中完成匹配。

(3)数量丰富,即使是小物体对象也可以包含大量的特征点。

(4)效率高,具有接近实时的性能。

(5)可扩展性好,易于与其他的特征进行联合。

图 6 – 22 所示为 SIFT 特征点检测效果。

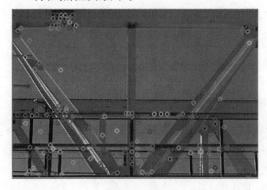

图 6 – 22

实现 SIFT 特征检测主要分为以下几步：

（1）尺度空间极值检测。搜索多个尺度的图像位置,利用高斯差分函数来搜索获得可能的特征点。

（2）关键点定位。对候选特征点,拟合模型以确定位置和尺度。基于稳定性度量选择关键点。

（3）确定方向。计算获得每个关键点区域的最佳方向。

（4）关键点描述。

6.3.4 图像线特征的检测

直线也是图像常用的基本特征,在现实生活中,车道线、门窗都具有线特征。如何提取图像线特征显得尤为重要。由于一般图像中物体的轮廓可近似为直线和弧的组合,所以对物体对象轮廓的检测和提取,可被进一步转换为对直线和弧的检测与提取。另外,对于一些应用领域,如物体识别、车道识别等,在保留重要的物体和车道图像数据的同时,如何减少图像中的数据量也很重要。如果可以将用多个像素描述的直线特征,由方程式描述,将使得数据量减少。常用的线特征提取方法是基于 Hough 变换的方法,它最初被应用于识别线。

Hough 算法基本步骤如下：

（1）预处理,边界检测,初始化累加器。

（2）对图像边界上的每一个点进行变换,映射到参数空间,并更新累加器 ACC。

（3）设置一个阈值 T,当 $ACC(r, \theta) > T$ 时,则可认为直线存在。

（4）计算获得直线。

其代码实现如下：

```python
import cv2
import numpy as np
img_name = cv2.imread('gantrycrane.png')
img_gray = cv2.cvtColor(img_name, cv2.COLOR_BGR2GRAY)
img_edged = cv2.Canny(img_gray, 10, 50, apertureSize=3)
cv2.imshow("img_edged", img_edged)
hough_lines = cv2.HoughLines(img_edged, 1, np.pi/180, 150)
print("The length of hough lines:", len(hough_lines))
for hough_line in hough_lines:
    rho, theta = hough_line[0]
    a = np.cos(theta)
    b = np.sin(theta)
    x0 = a * rho
```

```
    y0 = b * rho
    x1 = int(x0 + 1000 * ( -b))
    y1 = int(y0 + 1000 * (a))
    x2 = int(x0 - 1000 * ( -b))
    y2 = int(y0 - 1000 * (a))
    cv2.line(img_name, (x1, y1), (x2, y2), (0, 0, 255), 2)
    cv2.imshow("img_houghline", img_name)
    cv2.waitKey(500)
cv2.waitKey(0)
cv2.destroyAllWindows()
```

预处理后图像边界如图 6 - 23 所示, Hough 线检测效果如图 6 - 24 所示。

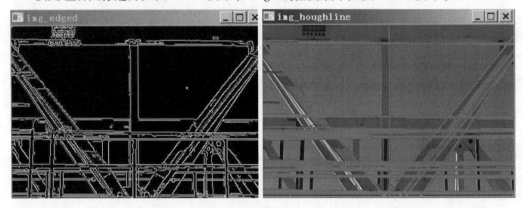

图 6 - 23   图 6 - 24

思考与练习题

一、简答题

1. 图像特征一般可以分为哪两类?

2. 举例说明什么是人工特征。

3. 举例说明什么是自然特征。

4. 试写出 Harris 角点检测的基本原理与步骤。

二、操作题

1. 对于图 6 - 25 所示图像, 试对其进行 Harris 角点检测。

2. 对于图 6 - 26 所示图像, 试对其进行 Hough 线检测。

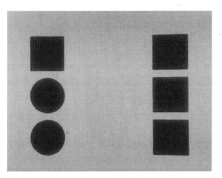

图 6－25

图 6－26

6.4　目标检测

　　目前,目标检测技术已经应用到很多领域。其中人脸检测和识别技术已经较为成熟,在诸如考勤管理、门禁系统等很多领域都有所应用。接下来,介绍一种基于 Haar － like 特征的级联分类器的面部检测方法。

6.4.1　Haar － like 特征

　　Haar － like 特征是由 Paul Viola 和 Michael Jones 在 2001 年提出的,图 6 －27 所示是几个 Haar － like 特征模板。其提取图像特征的方式类似于卷积运算,如图 6 －28 所示。

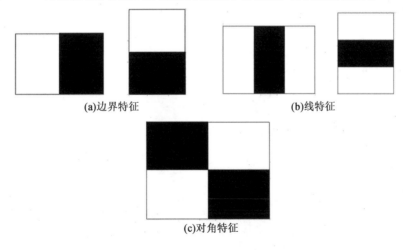

(a)边界特征　　　　　　　　(b)线特征

(c)对角特征

图 6－27

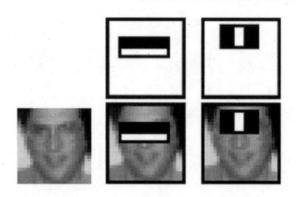

图 6 – 28

特征值是指区域内的白色区域像素和与黑色区域像素和之差,其包含了区域内图像灰度变化的信息。即特征值为白色和黑色矩形区域内像素总和之间的差值,有

$$f_i = \text{Sum}(r_{i,\text{white}}) - \text{Sum}(r_{i,\text{black}}) \tag{1}$$

6.4.2　基于 Haar 特征的级联分类器的目标检测

基于 Haar 特征的级联分类器的目标检测是通过训练好的级联分类器对图像特征进行筛选,一旦图像特征通过了筛选,则判定该区域为人脸。建立和训练分类器,完成目标检测的基本流程如下:

（1）收集包含正负样本的训练数据。

（2）对样本数据进行处理。以面部图像样本数据为例,包含面部信息的图像为正样本,而不包含面部信息的图像则为负样本。构建训练集,训练分类器。

（3）应用训练好的分类器完成分类。

接下来看一下在 OpenCV 中如何实现面部检测。这里使用 OpenCV 已经训练好的分类器,主要代码如下:

```
import numpy as np
import cv2
face_detector = cv2.CascadeClassifier('haarcascade_frontal-
face_default.xml')
img = cv2.imread('kids.tif')
img_gray = cv2.cvtColor(img, cv2.COLOR_BGR2GRAY)
faces_rect = face_detector.detectMultiScale(img_gray, scale-
Factor =1.1, minNeighbors =5, minSize =(30,30), flags =cv2.CASCADE_
SCALE_IMAGE)
for (x, y, w, h) in faces_rect:
img = cv2.rectangle(img, (x, y), (x + w, y + h), (255, 0, 0), 2)
```

```
cv2.imshow('img', img)
cv2.waitKey(0)
cv2.destroyAllWindows()
```

结果显示如图 6 – 29 所示。

OpenCV 除了可以对面部进行检测，还可以实现如眼部、嘴巴、全身等部位的检测功能。

图 6 – 29

思考与练习题

一、简答题

试写出基于 Haar 特征的级联分类器目标检测的基本原理与步骤。

二、操作题

试选择目标检测数据集中的样本，编写程序，实现基于 Haar 特征的级联分类器的目标检测。

参 考 文 献

[1] 贾永红. 数字图像处理[M].3 版. 武汉:武汉大学出版社, 2015.

[2] 冈萨雷斯. 数字图像处理[M]. 阮秋琦,译.2 版. 北京:电子工业出版社, 2007.

[3] 林福宗. 多媒体技术基础[M].3 版. 北京:清华大学出版社, 2009.

[4] 胡春旭. ROS 机器人开发实践[M]. 北京:机械工业出版社,2018.

[5] 戈贝尔. ROS 入门实例[M]. 罗哈斯,译. 广州:中山大学出版社, 2016.

[6] 陆汝铃. 人工智能·上册[M]. 北京:科学出版社,1989.

[7] 陆汝铃. 人工智能·下册[M]. 北京:科学出版社, 1996.

[8] KRIZHEVSKY A, SUTSKEVER I, HINTON G . ImageNet classification with deep convolutional neural networks[J]. Advances in neural information processing systems, 2017,60:84 – 90.

[9] SINONYAN K, ZISSERMAN A . Very deep convolutional networks for large – scale image recognition[J]. Computer Science, 2015:1 – 14.

[10] HE K, ZHANG X, REN S, et al. Deep residual learning for image recognition[C]. Las Vegas: IEEE Conference on Computer Vision and Pattern Recognition (CVPR), 2016.

[11] 弗朗索瓦·肖莱 . Python 深度学习[M]. 北京: 人民邮电出版社,2018.

[12] 谢琼. 深度学习:基于 Python 语言和 TensorFlow 平台[M]. 北京:人民邮电出版社,2018.